Garten ist Leidenschaft!

Anja Maubach

FOTOS: FERDINAND GRAF VON LUCKNER

blv

Grundsätze vor dem Anfang, Praktisches und Nützliches

Wir haben einen Garten – ob neu oder alt – und beginnen ihn zu gestalten. Wir nehmen Kontakt mit unserer Scholle auf. Wie finden wir einen Anfang? Was brauche ich zum Gärtnern? Wie gehe ich mit den Pflanzen um? Was ist am Anfang zu beachten?

Pflanzenwissen für jeden Gärtner

Pflanzen schenken dem Garten Leben. Die Auswahl ist endlos – die Namen unaussprechlich. Die Vielgestaltigkeit der Pflanzen ist eine lustvolle Einladung, eigene Gartenbilder zu komponieren.

Gestalten – die Grundlagen

Bevor wir umgraben ist es nützlich, sich ein Konzept für den Gartenraum zu überlegen und den eigenen Traumgarten zunächst zu planen. Woran sollten wir alles denken? Wie finde ich heraus, was mich glücklich macht? Und wie setze ich das um?

Die Kunst der Beetgestaltung

Haben wir ein Konzept für den Garten gefunden und Gartenräume geschaffen, macht es Freude, darin die eigenen Gartenbilder »aufzuhängen«. Ob à la Monet, à la Gertrude Jekyll oder à la Paul Klee – die Welt ist voller Inspirationen. Wir können den Blick des Künstlers nutzen, er ermutigt und erleichtert den Anfang. Unserer Fantasie sind keine Grenzen gesetzt. Die Form- und Farbfülle aus dem Schatzkasten von Mutter Natur ist eine unerschöpfliche Quelle der Inspiration.

Leben im Garten – Tag für Tag

Das Licht wandert – durch den Tag, durch das Jahr. Es schafft unterschiedliche Atmosphären. Jeder von uns schätzt bestimmte Jahres- oder Tageszeiten ganz besonders.

Gartengestaltung – die hohe Schule

Im Garten zu sein ist immer wieder der Moment, sich selbst in größere Zusammenhänge zu stellen. Wir lassen unser Wissen wachsen, sammeln neue Erfahrungen, und unser Kopf wird frei für neue Gartenwege.

Gärtnern mit allen Sinnen

Wenn wir Gärten planen, ist es am schönsten, an alle unsere Sinne zu denken. Wenn alles wie zufällig aussieht und keiner merkt, dass alles geplant ist – dann ist es wirklich gelungen. Die Kunst der Verführung!

Gartenleidenschaft – ganz persönlich

Das Gärtnern zieht sich als ein goldener Faden durch dieses Buch. Jeder von uns wird sich in andere Pflanzen verlieben und diese Liebe und Leidenschaft über den Gartenzaun hinweg mit anderen teilen. Nutzen wir die Sprache der Blumen im Knopfloch und auf dem Schreibtisch – als weltweite Botschafter für Mutter Natur!

Anhang

Vorwort

Zukunft ist, was uns blüht.

Barbara Köhler

Welch ein Gefühl für Garten. Auf der blumigen Höh', wie Urgroßvater Georg Arends sein Gärtnereigelände im Bergischen Land nannte, ist zu spüren: Dieses ist ein besonderer Ort. Ich selbst habe das Areal oft besucht und diese Faszination – verbunden mit liebvoller Gastfreundschaft – erfahren. Viele Menschen lassen sich vom Zauber dieses Ortes berühren.

In diesem Umfeld ist Anja Maubach aufgewachsen, und als sie nach ihrem Studium die Gärtnerei selbst übernahm, war es ihr ein großes Anliegen, die Sinnlichkeit dieses großen Gartens zu pflegen. Sie kennt seine ungewöhnliche Atmosphäre mit den generationenübergreifenden Veränderungen in all ihren Nuancen, bei Tag und bei Nacht, bei jedem Wetter und vermittelt ihre Erfahrungen in gefragten Seminaren.

Fast zufällig entdeckte der Hamburger Fotografenfreund Ferdinand Graf von Luckner den Ronsdorfer Gartenschatz. Die ersten, ganz privaten Aufnahmen machte er an einem kalten Januartag. Das war vor gut drei Jahren. Dieser winterliche Ausflug erweckte in ihm Neugier, die verschiedenen Pflanzenquartiere, die historische Felspartie und Anjas moderne Gärten während anderer Jahreszeiten zu erleben. Er kam viele Male und setzte Blüten, Blätter und Menschen neu in Szene. Mit seiner Empathie und bildjournalistischen Fähigkeit entwickelte er eine eigene Bildsprache. Seine sinnlichen Motive legen die Seele des Gartens offen.

Auf der Suche nach einem Autorenteam für ein besonderes Gartenbuch kam Dr. Thomas Hagen des BLV Buchverlags ins Spiel. Im September 2009, während des »Gartengipfels« Am Blauen See in Königswinter, lud er Anja Maubach ein, ihr profundes Wissen über das Gärtnern und ihre beeindruckende Vorgehensweise beim Planen von Gärten in einem Buch festzuhalten. Keine leichte Aufgabe, fand sie, aber zusammen mit den kongenialen Motiven des Profi-Fotografen könnte dies gelingen.

Das Ergebnis: einfühlsame Vorschläge für den Gartenalltag, klare Ziele und universelle Gedankengänge – eine Fülle intellektueller Anregungen. Verbunden mit der Einladung, einen Perspektivwechsel im eigenen Garten zu durchdenken und die Leichtigkeit des Seins zuzulassen. Von kleinen Veränderungen und ihrer großen Wirkung ist die Rede.

Hier nehmen Sie als Leser wahr: Gärtnern bedeutet vor allem Glück. Und wie sich Glücksmomente im Garten vermehren lassen, beschreibt dieses Buch in einer wunderbaren Mischung von Praxisnähe, klugen Gedankenspielen und verwunschenen Einblicken in die Gartenwelt der blumigen Höh'.

Liebe Anja, lieber Ferdinand: Glückwunsch zu diesem Eurem Meisterwerk.

Ulrich Timm
Hamburg, im Januar 2011

Ulrich Timm ist Landschaftsarchitekt bdla, Autor zahlreicher Gartenbücher und war langjähriger Leiter des Gartenressorts der Zeitschrift »Schöner Wohnen«.

Einführung zu diesem Buch

Ich liebe meinen Garten. Mein Glück ist es, dass ich im Garten einer Gärtnerei aufgewachsen bin. Mein Zuhause. Von Kindheit an war es mein Wunsch, wie meine Mutter Staudengärtnerin zu werden und wie mein Vater Gartenarchitektur zu studieren. Während meiner Ausbildungszeit verbrachte ich ein Jahr in England. Gartenkultur pur. In den Gärten habe ich die Poesie der Gartenkunst erlebt, das *gardening* entdeckt. Es öffnete sich mir ein herrliches, weites Gartentor.

Das, was ich in England gesehen und erlebt habe, wollte ich leben. Mein Leben findet in Ronsdorf statt. Zwei Hektar Land, eine traditionsreiche Staudengärtnerei, von meinem Urgroßvater Georg Arends 1888 gegründet. *Ronsdorfs blumige Höh'* ist mein »Englischer Garten«. Zwei Hektar Land der unbegrenzten Möglichkeiten. Hier nehme ich mir die Freiheit, das Bestmögliche zu entwerfen und zu verwirklichen. Es bereitet mir große Freude, Tag und Nacht zu gärtnern – Gartenbilder zu malen – im Freien zu sein und sich mit den Kräften der Natur verbunden zu fühlen. Die Gärtnerei ist mein Atelier. Leere, bespannte Leinwände, fertige Bilder, Unmengen an Farben – Pinsel, Paletten und aus allen Atelierfenstern inspirierende Motive.

Mein Weg ist von Freunden, meinem Gärtnerei-*dream-team,* den gardening Ladies & Gentlemen des Georg Arends-Förderkreises und unseren Kunden begleitet. Voller Engagement öffnen sie Türen, Perspektiven, Aussichten, Einsichten, bereiten Wege, finden Pflanzen. Dafür bin ich dankbar.

Mein Traum vom Garten

Ich habe einen Traum: Reisebusse aus England auf *Ronsdorfs blumiger Höh'.* Als ich an einem Sommerabend am Weißen Garten vorbei kam, war ich plötzlich tief berührt – es fühlte sich an wie Sissinghurst. Ich war glücklich! Mit meinem Hier-sein erkenne ich jeden Tag, dass es die Harmonie mit meinem Garten, mein eigenes »mit mir im Einklang sein« ist, unabhängig von der Größe des Gartens und der Pflanzen, die darin gedeihen. Hier passen für mich die Worte meiner Gartenfreundin Gertrude Jekyll aus ihrem Buch »Wald und Garten«:

»Der Umfang eines Gartens hat mit seinem Wert als solchem sehr wenig zu tun. Er ist einfach ein Zufall, der von den Verhältnissen des Besitzers abhängt. Es ist der Umfang des Herzens und Geistes und guten Willens des Besitzers, der einen Garten, je nachdem, entweder entzückend oder langweilig macht. Ich beneide die Besitzer sehr großer Gärten nicht. Der Garten muss seinem Herrn oder dessen Geschmacksrichtung angepasst sein wie der Rock, den er trägt; er muss weder zu groß noch zu klein sein, sondern gerade bequem. Wenn der Garten zu groß ist, um von ihm selbst geplant, beherrscht und beaufsichtigt werden zu können, so ist er nicht mehr sein Herr, sondern sein – Sklave.«

Gertrude Jekyll, 1907.

Es ist die Größe des gärtnernden Herzens. Glücklich zu sein. Es geht um die eigenen guten Gedanken, um die Haltung gegenüber Mutter Natur und gegenüber unserem eigenen Naturell. Schönheit liegt in der Betrachtung der Jahreszeiten auf unserer Erde, der Achtung vor den Zyklen des Lebens. Mir gefallen die Gedanken des Dalai Lama dazu:

»Das Leben aller Lebewesen, seien sie nun Menschen, Tiere oder andere, ist kostbar, und alle haben dasselbe Recht, glücklich zu sein. Alles, was unseren Planeten bevölkert, die Vögel und die wilden Tiere sind unsere Gefährten. Sie sind Teil unserer Welt. Wir teilen sie mit ihnen.« 14. Dalai Lama.

Festhalten und Loslassen. Offen für Neues sein. Je tiefer und weiter meine inneren Wurzeln reichen und an meiner ureigenen inneren Quelle sind, desto klarer, sicherer und freier sind meine Entscheidungen. Einen Garten zu planen, wirft viele Fragen auf. Je mehr wir wissen, eigene Erfahrungen sammeln und je mehr wir unseren eigenen Wünschen auf den Grund gehen, desto sicherer und unumstößlicher sind unsere Entscheidungen. Neue Wege gehen.

Es ist interessant, sich diese Fragen von innen heraus spontan zu beantworten. Wie hätte ich gerne, dass es sich anfühlt, mein Gartentor zu öffnen? Lassen Sie Ihr Gefühl auf sich wirken. Beschreiben Sie dieses Gefühl. Aus der gewonnenen Einsicht können Sie ein Ziel formulieren und verwirklichen.

Das Buch als Ideenquelle

In diesem Gartenbuch bekommen Sie Anregungen und Ideen zur Planung von Haus und Garten. Die Ideen sind Quellen für zeitlose Gedanken zur Planung – universell. Unabhängig von der Größe des Gartens oder den klimatischen Bedingungen. Im Mittelpunkt stehen Sie mit Ihren Wünschen und Zielen. Alle Themen können unendlich miteinander kombiniert werden und Sie werden eine individuelle Lösung für Ihren Garten finden.

Spielen Sie mit der Idee, den Dingen einfach auf den Grund zu gehen. Erforschen Sie die innere Landschaft, die Sie im Kopf haben – zeichnen Sie eine Landkarte, um herauszufinden, was Sie genau wollen. Damit löst sich das komplexe Gartenbild in einzelne Bilder und Wünsche auf. Dieser Spielraum schenkt Freiheit, ermöglicht das Einbringen persönlicher Wünschen und Erfahrungen. Dabei geht es mir um ein Gespräch mit Ihnen auf Augenhöhe, von »Du zu Du« – und nicht um »Rat-Schläge«. Daher haben wir uns im Buch auch für das »Du« zu Ihnen, lieber Leser, entschieden.

In den acht Kapiteln findest Du Themen der Garten-Landschaft. Alle Themen sind miteinander vernetzt – sie führen weiter zu anderen Kapiteln, die Dir zusätzliche Ideen für Deine Landkarte geben. Die größte Freude ist für mich die Vorstellung, dass dieses Buch auf Deinem Küchentisch liegt. Dass Du es vergnüglich findest, darin herumzublättern; dass Dich Bilder, Worte und Gedanken zu einer Idee inspirieren, dass Du »Dein Land« entdeckst.

Spielen wir eine Gedankenbrücke am Thema *Sitzplatz* durch. Du planst, einen Sitzplatz zu bauen. Nimm Papier und Bleistift für Deine Notizen. Dann wirst Du unter dem Kapitel *»Gestalten – Die Grundlagen«* das Thema *»Lieblingsplätze«* finden. Dort tauchst Du ein in erste Ideen und Gedanken. Von dort aus findest Du am Ende den Hinweis: → Dächer mit einer Seitenangabe. Unter diesem Kapitel findest Du dann weitere nützliche Gedanken.

Wo soll der Sitzplatz sein? Hier geht es zum Thema *Räume* schaffen. Von dort aus weiter zu *Grenzen* – den Gedanken zum Einfrieden des Sitzplatzes. Weiter zum *Abendgarten* – weil Du gerne abends dort sein möchtest. Vom Abendgarten findest Du einen Weg zum *Weißen Garten* und zum *Feuer*. Je mehr Du in den Kapiteln herumstöberst, desto weiter wird sich Deine Vorstellung zum Thema Sitzplatz verfeinern. Vor Deinem inneren Auge klären sich die Gedanken und die Idee nimmt Gestalt an – wird lebendig.

Die Auswahl der Themen sind Stecklinge aus meinem Garten. Du bist eingeladen, Dir diese Stecklinge zu nehmen. Pflanze sie in Deinen Garten. Mögen sie wurzeln und wachsen. Über Dich hinauswachsen.

Neues entdecken – aus Fotografensicht

Wo besser als im Garten von Anja Maubach ließe sich diese Aufforderung in die Tat umsetzen. Von meinem ersten Besuch an hatte dieser Garten auf mich eine eigene Faszination und berührte mich auf besondere Weise. Als Fotograf habe ich es oft einfach, zu beschreiben, was ein Garten beim Betrachter auslöst: Der Leser kann es am Bild sehen. Und dennoch war es auf der *Blumigen Höh'* anders als bei den Gärten Europas und Neuseelands, die ich bis dahin besucht hatte. Es passten die normalen Blickweisen und Muster nicht, die sonst angelegt werden, um einen Ort auf eine bestimmte Anzahl Fotos zu reduzieren. So begann alles mit der Feststellung, dass ich hier nicht an etwas arbeiten würde, was schon nach einem halben Jahr zur Veröffentlichung bereit sein würde. Die Fotos entstanden vielmehr aus Respekt der Besonderheit dieses Gartens und seinen Gestaltern gegenüber, die ihn so feinsinnig schufen. Dies wurde zum Anspruch, zur Haltung dem »Studienobjekt« gegenüber – nicht mehr, aber auch nicht weniger.

So wuchs eine Art Liebe, die sich mit jedem Besuch weiter entwickelte, immer Neues hervorbrachte und den Eindruck vermittelte, dass gerade durch die Wiederholung des Betrachtens und Fotografierens schließlich die Absicht der Gestaltungen allmählich deutlich wurde: Anja Maubachs Handschrift im Zusammenspiel mit Jahreszeit, Licht und Wetter – prägend für diesen Ort, und das in jedem Jahr anders.

Wenn Du Dich in Deinem Garten nicht betrinken kannst,
Wenn Du in Deinem Garten nicht träumen kannst,
Wenn Du Dich in dem Garten nicht lieben kannst, dann kannst Du ihn betonieren.

Tim Smit, 2001

Die Besucher des Gartens fanden mich fotografierend in den Hecken, bäuchlings in den Rabatten oder auf allen Vieren in Bodenähe. Allein den Blick zu schärfen für die Vielfalt der Samen eröffnete ein ganzes Universum! Die Natur spielt mit strengen Formen, lauten Farben und bis zur Unkenntlichkeit getarnten Verpackungen.

Das Neue zu entdecken ist ein Abenteuer, und manchmal überrascht die Nähe, in der es unvermutet zu finden ist. Dies scheint mehr mit der Änderung der Perspektive beim Betrachten zu tun zu haben als mit der Länge des Weges bis zu seiner Entdeckung. Wenn dieses Buch beim Leser die Neugier auf das immer wieder Neue im Garten zu wecken vermag, so wie ich es beim »Ablichten« selbst erfahren hatte, dann wäre mir das ein großes Vergnügen.

Viel Freude an diesem Buch!

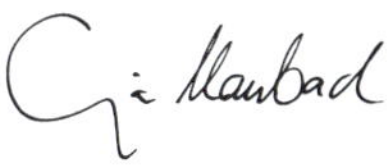

Anja Maubach

Ferdinand Graf von Luckner

Welch großes Glück, im Garten zu sein!

Stauden, Gräser und Farne schenken dem Garten eine wundervolle Atmosphäre und geben ihm eine Seele. Beim Gärtnern geht es um Grundgedanken des Lebens: die eigene Vision vom Leben in und mit der Natur.

Es geht um Lust, Leidenschaft und Freude. Es geht um die Neugier, Pflanzen kennenzulernen, den Mut, Ideen heranwachsen zu lassen, die Freiheit, etwas Eigenes zu erschaffen, Frieden und Harmonie zu finden. Pflanzen verbinden uns mit Haus und Garten.

Anja Maubach, 2008

Den Ort in Besitz nehmen

Das Haus im Grünen. Wir kaufen Land. Wir pachten Land. Wir erben Land. Wir fügen uns in Gegebenheiten oder kreieren etwas Neues. Wir sind auf Spurensuche und hinterlassen neue Spuren. Fußabdrücke.

Wenn wir ein Land bebauen und bearbeiten, sind wir für ein Stück Erde verantwortlich und haben die Möglichkeit, daraus ein eigenes Paradies zu schaffen. In der Geschichte der Gartenkunst zeigt es sich, dass Gärten schon immer Ausdruck der jeweiligen Lebensphilosophie waren. Die Gärten der höfischen Gesellschaft waren Inszenierungen von Natur und gaben den Raum, sich in idealisierten Landschaften zu bewegen. Mit den bürgerlichen Stadtgärten im 19. und zu Beginn des 20. Jahrhunderts wurde es selbstverständlich, den Garten zusammen mit dem Haus zu planen. Haus und Garten bildeten eine Einheit. Die Architektur reicht mit Treppen, Mauern und Pergolen dem Garten die Hand. Zusammen mit dem Landschaftsarchitekten wird die bestmögliche Ausrichtung des Hauses entschieden, um die Entwicklung des Gartens in alle Richtungen zu ermöglichen. Dabei bereitet es mir Freude, die gelungenen Haus- und Gartenpläne von Hermann Muthesius (1861–1927) zu betrachten. Er studierte das Thema »Haus und Garten« in England und übertrug dieses Selbstverständnis in seine eigenen Haus- und Gartenentwürfe.

Es ist lohnend, beim Hausbau oder -kauf von Anfang an den Blickwinkel des Gartenarchitekten hinzuzuziehen. Ob Balkon, Terrasse, Garten oder Park – die Größe des Projektes spielt dabei keine Rolle. Oft ist gerade die große Idee für den kleinen Garten gefragt! Wenn man zusammen mit einem Gartenarchitekten gleich zu Beginn ein Konzept erarbeitet und dieses bei den Arbeiten am Haus sofort integriert, wachsen Haus und Garten zu einer harmonischen Einheit zusammen.

Der Geist des Ortes

Genius Loci. Hier weht ein guter Geist – der Ort ist von allen guten Geistern verlassen. Je nachdem. Wenn wir an einen Ort kommen, sei es ein Restaurant, ein Garten, ein Haus oder ein Laden, dann haben wir intuitiv ein Gefühl für die dort herrschende Atmosphäre. Wir fühlen uns angezogen oder meiden den Ort. Wir spüren seine Energie. Die Elemente sprechen zu uns. Welch ein Glück, wenn gerade die Sonne scheint, sich Licht und Schatten zeigen.

Der Boden trägt den Genius der Erde. Die Pflanzen, die darin wurzeln, zeigen, wie wohl sie sich fühlen. Mir gibt es ein gutes Gefühl, mich mit den unsichtbaren Kräften der Natur zu verbinden. Es tut den Pflanzen und dem Ort gut, mit positiven Gedanken und

Der Garten wird zu dem, was wir denken.

Anja Maubach

Eine landschaftliche Gartenanlage in meinem Sinne muss auf einer Grundidee beruhen. Sie muss mit Konsequenz und, wenn sie ein gediegenes Kunstwerk sein soll, so viel als möglich von einer leitenden Hand angefangen und beendigt werden. Dieser Eine mag und soll die guten Ideen vieler anderer benutzen, er allein muss sie aber im Geiste zu einem Ganzen verarbeiten, damit der untrügliche Stempel der Individualität und Einheit nicht verloren gehe.

Fürst von Pückler-Muskau (1785–1871)

Denn ich halte dafür, dass es der Hauptzweck des Gartens ist, Freude zu bereiten und das Gemüt zu erfrischen, zu lindern und zu läutern.

Gertude Jekyll, 1907

Worten durch den Garten zu schreiten. Einer Pflanze gefällt es besser, von mir »Du bist schön« zu hören als »wie siehst Du denn aus!« Das Göttliche in Dir und in allem zu erkennen und sich damit zu verbinden schenkt gute Gefühle.

Im Norden Schottlands wurde das Findhorn-Projekt in den 1960er Jahren ins Leben gerufen. Es war den Gründern tatsächlich möglich, auf kargsten Böden wunderbar reiche Gemüseernten zu erzielen – unter anderem aufgrund einer positiven Ausrichtung der Gedanken. Der Ort hat dadurch eine andere »Energiefrequenz« erreicht und dies hat sich in positivem Wachstum gezeigt – in allen Richtungen. Es ist so einfach. Mit der Kraft meiner Gedanken Dinge und vor allem mich selbst zu bewegen. Der Garten ist mit seiner Strahlkraft, den lebendigen Kräften der Farben, seiner Anmut, der Magie der Schöpfung und Quelle unendlicher Schönheit ein Weg in die Zukunft.

Mein Traum-Ort

Haus und Garten sind Orte und Möglichkeiten, eigene Träume zu verwirklichen – ein Leben lang. Ob Neues, Altes, Eigenes, Gemietetes oder Geerbtes, interessant ist unsere persönliche Haltung, mit der wir den Ort in Besitz nehmen. Geben wir uns Zeit und Raum für die Entfaltung unserer Vision? Ist die Situation unberührt oder finden wir von Menschenhand geschaffene Gegebenheiten vor? Zieht moderne Kunst in alte Gemäuer oder schenken Antiquitäten neue Wurzeln in modernem Ambiente? Wollen wir einladen? Wollen wir uns abgrenzen?

Wollen wir den Baum beherrschen oder uns mit ihm verbünden? Wollen wir Schatten akzeptieren oder gegen ihn ankämpfen? Wollen wir natürliche Schattenvegetation zähmen oder sie mit Pflanzenkostbarkeiten für den Schatten unterstreichen? Wenn wir mit unseren Händen etwas zu schaffen beginnen und den Ort, sei es Fensterbank, Balkon, Garten oder Landschaft, mit unseren Träumen füllen, dann entsteht ein *Garten*. Was macht mich glücklich? Garten wird zu dem, was wir denken. Hier ist das Licht. Hier wächst etwas.

Wenn wir von Träumen erfüllte Gärten wie Sissinghurst besuchen, haben wir nicht vor Augen, wie der Ort vor dem Erfüllen des Traumes einst aussah: Vita Sackville-West schrieb dazu: *»Als ich den Ort an einem warmen Frühlingstag des Jahres 1930 zum ersten Mal sah, entflammte er augenblicklich mein Herz und meine Phantasie. Ich habe mich auf den ersten Blick in ihn verliebt. Und ich wusste, was man daraus machen konnte. Es war Dornröschens Garten; aber ein Garten, der nach Befreiung schrie. Und es war leicht, vorauszusehen, welchen Kampf es uns kosten würde, ihn zu befreien.«* Ihr Mann Harold Nicolson war der Ansicht, dass es a) *»höchst unklug von uns wäre, Sissinghurst zu kaufen. Wir brauchen 12 000 Pfund dafür, und es wird weitere 15 000 Pfund kosten, um es instand zu setzen.«* Dann, dass es b) *»sehr klug von uns wäre, Sissinghurst zu kaufen.*

Durch seine Adern fließt das Blut der Sackville-Dynastie, … das wiegt Heißwasserversorgung und Zentralheizung auf.« Schließlich konstatierte er c): *»Wir mögen es«.*

Durch die Adern der mich umgebenden Gemäuer fließt das Blut der Arends, was an manchen Wintertagen ebenfalls die Frage nach der Zentralheizung aufwiegt. Es war mein Traum, in England zu leben. Als ich vor der Wahl stand, »nach Hause« zu gehen oder nach England zu ziehen, habe ich mich für lovely Ronsdorf entschieden. Ich hatte erkannt, dass ich glücklich bin, wenn ich – egal wo auf dieser Welt – gärtnern könnte, etwas für Mutter Natur tun könnte, eine Gärtnerei und einen Garten haben würde.

In Ronsdorf zeigte sich mir der *Genius Loci* der Blumigen Höh': eine mir vertraute Gärtnerei mit herrlichen alten Bäumen, bezaubernden alten Gewächshäusern, alten Wegen, Wirtschaftsgebäuden mit Patina und einer wundervollen Auswahl an Stauden, die den rauen Winden des Bergischen Landes Stand hält. Jeden Tag entdecke ich Neues. Auf Schritt und Tritt zeigt sich der Genius Loci – zwischen Himmel und Erde. Wenn ich auf Harris-Tweed-Kissen vor dem alten grünen Kachelofen im Taubenschlag sitze, der Wintersturm um die Ecke pfeift, ich englische Gartenbücher, englische Musik um mich habe und an den Wänden englische Farben – bin ich glücklich. Der Ort hat mich in Besitz genommen. Verliebe Dich in Deinen Garten. Meine Liebe wächst. Mein großes Glück.

FANG AN MIT Überlege nicht, was Dein Land für Dich tun kann, sondern was Du für Dein Land tun kannst. Baue auf dem schlechtesten Teil des Grundstücks, nicht auf dem Besten – und hebe Dir den besten Teil für den Garten auf. Befrage einen Gartenarchitekten.

Denn die Liebe zum Garten ist ein Same, der, einmal gesäet, nie wieder stirbt, sondern weiter und weiter wächst – eine bleibende und immer voller strömende Quelle der Freude.

***Gertrude Jekyll,* 1907**

→ Anfang S. 23
→ Pflanzen-Namen S. 51
→ Bäume S. 63
→ Gartenräume S. 81
→ Wohnen im Garten S. 141
→ Insel S. 181
→ Heilige Orte S. 195
→ Ferien S. 197

Einen Anfang finden

Eine unserer ursprünglichsten und instinktiven Handlungen ist es, einen Ort in Besitz zu nehmen. Wir setzen ein Zeichen, legen einen Stein, pflanzen einen Baum oder bauen eine Kapelle. Solche Wahrzeichen sind Orientierung, geben Kraft, schenken Ruhe und sind Spuren menschlicher Anwesenheit. Wahrzeichen bestimmen einen Ort. Sie üben eine Anziehungskraft aus und sind wie ein Kristallisationspunkt, um den herum sich alles fügt und ordnet.

Meist beginne ich den Entwurf eines Gartens oder eines Gartenraums mit dem Setzen eines wahren Zeichens. Dies kann eine Skulptur sein, etwa eine Sommerlaube, ein Stein aus den Bergen, ein geliebtes Familienstück, ein Andenken, eine Pflanze, ein Baum, eine Gartenbank – es gibt unendlich viele Möglichkeiten, sich von dem inspirieren zu lassen, was bereits vorhanden ist! Das Wahrzeichen kann den Mittelpunkt des Gartens bilden, Ziel oder Schlusspunkt sein.

Bisweilen beziehe ich ein Wahrzeichen von außen ein, indem ich zum Beispiel die Blickachsen hin zu einem Wahrzeichen außerhalb des Grundstückes lenke – sei es eine Anhöhe der Umgebung, ein Kirchturm oder eine entfernte Baumgruppe.

Beginnen wir mit einem neuen Haus und einem leeren Garten, ist es interessant und lohnend, den Ort auf diese Art und Weise in Besitz zu nehmen, ihm unsere persönliche Note zu schenken und uns mit ihm dadurch zu verbinden. Mit einem Wahrzeichen können wir den Ort eine Geschichte erzählen lassen. Wähle ich als äußere Begrenzung des Gartens ein Stück Mauer, die ich mir als Ruinenstück mit einer alten Tür oder einem schmiedeeisernen Fenster bauen lasse, dann wird sich jeder fragen, ob das schon immer dort war. Vergleichbar ist das mit dem herrlichen geerbten Küchentisch, der der neuen, modernen Küche sofort spürbar Patina und eine gute Atmosphäre von »zu Hause sein« schenkt.

Bewohnen wir ein altes Haus mit schon vorhandenem Garten, finden wir dort nicht immer das in unseren Augen perfekte Wahrzeichen vor. Ganz im Gegenteil. Der große Baum an jener Stelle passt gar nicht in den vorgefertigten Idealplan! Da empfiehlt es sich, flexibel zu bleiben und gerade das ungeliebte Stück zum geliebten Wahrzeichen zu wandeln, sich vielleicht vom Rosengarten zu verabschieden und die faszinierende Welt der Farne kennenzulernen.

FANG AN MIT Lass Dich auf Reisen inspirieren! Lange Zeit haben zwei kleine indische Gartentörchen auf ihre Bestimmung gewartet. Gekauft habe ich sie wegen des herrlichen Metallverschlusses, der mich in seiner einfachen Handhabung schon immer begeisterte. Als ich die beiden sah, habe ich nicht lange überlegt. Eines ist Feierabendtörchen geworden und das andere wartet noch auf den Anfang einer Geschichte.

→ Pflanzen-Namen S. 51
→ Bäume S. 63

Gärtnern ist Leidenschaft

Mein Leben nahm eine überraschende Wendung, als 1984 in England jemand zu mir sagte: »*I love gardening.*« So hatte ich meine Ausbildung als Gärtnerin bislang nicht betrachtet. Aufgewachsen in einer Gärtnerei, war mir der Satz »*Ich geh raus arbeiten*« geläufig. *To go gardening,* gärtnern gehen, hat einen ganz anderen Klang – da schwingt Gartenlust mit.

Ich integrierte das Gärtnern in mein Leben. Es öffneten sich neue Perspektiven. Gärtnern wurde zu einem selbstverständlichen Bestandteil meines Alltags, wie Essen zubereiten. In der Küche sorge ich für einen praktischen Arbeitsplatz, eine Schürze, gutes Werkzeug, beste Zutaten, gutes Geschirr. Ich entscheide mich, frische Lebensmittel auf dem Markt auszusuchen, suche Rezepte, probiere Neues aus, interessiere mich für unbekanntes Gemüse, exotische Gewürze. Essenskultur – ein fortlaufendes Experiment. Das Essen tut mir gut. Und der Garten tut mit gut.

Um einen Anfang zu finden, ist es hilfreich, sich eine Gartenwerkstatt am Haus oder im Garten einzurichten. Einen Raum mit einem Pflanztisch, der, mit Erde und Töpfen vorbereitet, zum Gärtnern einlädt. Regale, um Werkzeug, Gartenkörbe, Blumentöpfe, Dünger und Pflanzenstärkungsmittel aufzubewahren, um Samen zu trocknen. Es ist großartig, einen solchen Arbeitsplatz zu haben, mit fließendem Wasser, um die geernteten Roten Bete zu schrubben, die Stiefel zu reinigen oder den Blumenschmuck fürs Haus vorzubereiten. *A room on your own.*

Zusätzlich wartet im Garten ein genialer Gartencaddy auf mich – mein Gartenkavalier. 365 Tage im Jahr bereit, mich mit Werkzeugen aller Art auf Schritt und Tritt zu begleiten und mir einen geruhsamen Platz im Grünen anzubieten. Wenn ich Gartenbesucher erwarte, macht es mir Freude, das Gärtnern dann zu unterbrechen. Die Schubkarre mit Kompost lasse ich dann auf dem Weg stehen. Gartenkultur – ein fortlaufendes Experiment.

FANG AN MIT Sag von nun an: Ich gehe gärtnern. Lade Dich zum Gärtnern ein mit einem Gartenkorb, der, gefüllt mit Lieblingswerkzeug, griffbereit an der Terrassentür auf Dich wartet.

Il faut cultiver son jardin.

Voltaire, Candide, 1758

Viele Leute, die Blumen lieben und gern selbst im Garten praktisch tätig sein möchten, wüssten nur allzu gern, was sie tun und wo sie anfangen sollten … Die beste Art zu lernen ist Lernen wollen, beim Gärtnern wie bei allem andern, und der feste Entschluss, selber auszuprobieren und nicht zu denken, dass irgendein Wesen den Zauberstab schwingen und einem Wissen und Macht verleihen könne.

Gertrude Jekyll, 1907

→ Werkzeug S. 27
→ Vermehrung S. 41
→ Kompost S. 31
→ Aussäen S. 33
→ Pflanzen-Namen S. 51
→ Gewächshaus S. 167

Werkzeug – Begleiter für ein Gartenleben

In der Gärtnerei sind im *Packschuppen* Gartengeräte aller Art in vielfacher Ausführung zu finden. Säuberlich geordnet – einsatzbereit. In Holzstielen sind Nummern eingraviert. Die Schuffel erzählt. Vor hundert Jahren bekam jeder Geselle im Frühling bei Arbeitsbeginn einen Werkzeugspint mit einer Grundausstattung. Wenn ich Fotos aus dem 19. und frühen 20. Jahrhundert von Gärtnern betrachte, sehe ich stolze, elegante Männer mit guten Hosen, Hemd, Weste, Jacke und Gartenschürze. Als die Gärtner Tweed trugen. Weit davon entfernt, etwas »Olles« anzuziehen. Warum auch. Die Pflanzenwelt ist schön – wieso verwandeln wir uns beim Arbeiten damit in Aschenputtel?

Meine erste Investition in Gartengerät waren Gartenstiefel. Ich hatte ein Bild von Gertrude Jekylls knöchelhohen, geschnürten Lederstiefeln gesehen. Mein Glück, einem Schuhmachermeister zu begegnen, der diesen Wunsch verwirklichte. Inzwischen begleitet mich das vierte Paar – rahmengenäht – Sommer wie Winter, in Regen oder Schnee, bereit für alle Taten!

Als Nächstes kam der Damenspaten. Edelstahl, leicht und wendig. Dann folgten Klappsägen, die mir größere Sonntags-mal-eben-Aktionen für neue Aussichten möglich machten. Irgendwann die Suche nach einer kleidsamen Gartenschürze. Praktisch, denn wenn es erdig wird, dann beim Topfen oder Töpfe tragen. Handschuhe – vergesse ich immer. Nicht beim Rosen schneiden – dann die guten aus Leder mit den langen Stulpen. Zum Schneiden habe ich viele Scheren – für alle Gelegenheiten, und mein ererbtes Stecklingsmesser.

Gießkannen – die guten alten Schneider-Kannen – Sammlerstücke. Zum Transportieren – meine Blechkarre und Gartenkörbe aller Art aus europäischen Ländern – Sammelstücke. Handspaten – wichtig. Am besten sind unsere alten Handspaten, die mein Opa zusammen mit einem Werkzeugmacher aus einer Maurerkelle heraus entwickelte. Wir lassen den Arends-Handspaten wieder neu von Hand schmieden, mit einem Griff aus Kirschbaumholz – für ein Gartenleben lang. »Hands off, it's mine« wurde in meine Kelle graviert. Danke, Jaap! It always puts a smile on my face.

FANG AN MIT Betrachte die Grundausstattung an Gartengeräten wie die Grundausstattung an Gerätschaften für die Küche. Spare nicht an den Geräten! Lade Dich zum Gärtnern ein mit einem Gartenkorb, der, gefüllt mit Deinem Lieblingswerkzeug, griffbereit an der Terrassentür auf Dich wartet.

Der Spaten, den man zum Pflanzen braucht, ist notwendig, aber auch die Axt ist für die Gestaltung von Park- und Gartenlandschaften unentbehrlich.

Fürst von Pückler-Muskau (1785–1871)

→ Gärtnern S. 25
→ Gardening for Ladies S. 225

Umgraben – die eigene Scholle kennen lernen

Die eigene Scholle. Entschlossen. Allein. Mit der Erde, mit dem Mutterboden. Frostig. Mein Lieblingsspaten, meine Lieblingsstiefel. Der warme Lieblingspullover. Herbstsonne.

Erster Spatenstich. Den Erdaushub der ersten Furche in die Schubkarre. Zweite Furche. Scholle neben Scholle. Regenwürmer. Gut. Scholle für Scholle. Furche für Furche. Mir wird warm.

Es sieht schön aus, wenn die Schollen leicht glänzend schimmern. Ich finde meinen Rhythmus. Ein Fundstück: Porzellan mit Zwiebelmuster. Ziemlich dünner Tassenrand. Woher? Von wem? In der Geschichte graben. Sehen, was ans Licht kommt.

Erste Rückenschmerzen. Macht nichts. Die Pflanzen sollen es gut haben – im nächsten Jahr. Weiter. Scholle für Scholle. Furche für Furche. Bis dahin. Die letzte Furche wird mit der Erde aus der ersten Furche gefüllt. Fertig. Jetzt kann der Frost kommen.

Das Tagwerk ist vollbracht. Geerdet. Im Gartenkorb ein Bündel herausgezogener weißer Ackerwindenwurzeln. Zufrieden. Stolz. Erde unter den Fingernägeln. Rein ans Feuer. Rote Wangen. Five o'Clock Cream Tea. Welcher Genuss!

Das Umgraben ist eine der ältesten Möglichkeiten, Land urbar zu machen. Es ist unser direkter Kontakt mit der Erde. Sofort erkennen wir, wie es um den Boden bestellt ist: steinig, humos, verdichtet, locker, mit vielen Regenwürmern, guter Krümelstruktur. Der Landwirt pflügt nach jeder Ernte das Land um, um es für die kommende Kultur vorzubereiten.

Im übertragenen Sinne ist für den Gärtner das Umgraben wie für den Maler das Bespannen einer neuen Leinwand. Wenn ich ein neues Beet anlege, ein Stück Rasen mit Stauden erobern will oder wenn es gilt, den Gemüsegarten für den nächsten Frühling vorzubereiten, dann tut Umgraben gut. Im festen Rhythmus des Umgrabens nehmen meine Gedanken gerne ihren freien Lauf – vor dem inneren Auge ist das erdige Stück Land bereits »rosig erblüht«.

Wenn wir dem Boden Gutes tun wollen, ist es ideal, vor dem Umgraben Kompost, Sand oder Gesteinsmehl auf der Fläche großzügig zu verteilen und beim Graben unterzuarbeiten.

FANG AN MIT Lerne Deine eigene Scholle kennen. Nimm das Stück Land in die Hand. Mach' eine Fingerprobe. Wie fühlt sich die Erde an? Wie ist die Bodenbeschaffenheit? Wir sprechen von der Krümelstruktur – das heißt dem Verhältnis von Luft, Wasser und Erde. Ist der Boden krümelig, verdichtet oder sandig? Du tastest Mutter Erde ab. Wenn der Boden durch die Finger rinnt, rinnen durch ihn Nährstoffe und Wasser. Wenn der Boden an den Fingern klebt, kleben an ihm Nährstoffe und Wasser. Fingerspitzengefühl. Sich erden.

Wenn ich doch nur selber graben und pflanzen könnte!

Elisabeth von Arnim, 1898

Es hat keinen Zweck, im Zimmer zu sitzen und zu fragen, wie man gräbt; lieber soll man hingehen und einem Manne zusehen, der gräbt; und dann den Spaten nehmen und es selber versuchen und so lange versuchen, bis es gelingt, und wenn man den Kniff herausbekommt, nämlich mit der halben Anstrengung die Kraft zu verdoppeln; … und man bekommt neue Begriffe über Arme und Beinmuskeln.

Gertrude Jekyll, 1907

Sich erden

Miles & more – Punkte in der Luft. Inch by inch – Punkte in der Erde. Ein paar laufende Meter Erdbett, immer bereit, Dich mit ein paar Schollen zu erden. Gut zum Ankommen für Vielflieger.

➜ Gelände formen S. 159

Kompost – des Gärtners Gold

Gärtner-Gold. Je mehr Komposthaufen – desto wohlhabender der Gärtner. Wir haben viele Komposthaufen. Kompostieren ist eine Wissenschaft für sich, ein weites Feld für Experimente. Und Kompost herzustellen letztendlich nichts anderes, als einen vegetarischen Gemüseeintopf zuzubereiten. Zutaten auswählen – klein schneiden – schichten – würzen – Wasser dazu – aufkochen – immer wieder umrühren. So betrachtet, macht Kompost zubereiten Freude.

Liegt es Dir am Herzen, Kompostwirtschaft zu betreiben, dann sollte die »Kompostküche« gut von der Küche aus erreichbar sein. Bei Wind und Wetter ungebremster Enthusiasmus für den Kompost! Der Platz großzügig – ein Raum für das Sammeln und Aufbereiten der Zutaten, gerne von einem Obstbaum beschattet, vielleicht von einem berankten Zaun oder einer Hecke eingefriedet.

Jeder Kompost freut sich über eine ausgewogene Mischung: Grünzeug und Eierschalen aus der Küche, im Juli abgeschnittene Katzenminzen und Lavendelblüten, zwischendurch eine Handvoll Gesteinsmehl oder Kalkstickstoff, im Sommer duftige Lagen Rosenblüten und im Herbst eine herrlich dicke Laubschicht. Wenn alles richtig gemacht wird, alle Zutaten in Bewegung bleiben, kann es gelingen, dass der Kompost nach vier Monaten gar ist.

Mich fasziniert es immer wieder, wie im Dunkel und im Verborgenen Bodenlebewesen und Regenwürmer wirken, die grünen Zutaten wegfressen – und am Ende Gärtner-Gold herauskommt. Es ist ein feierlicher Moment, den garen Kompost »anzuschneiden«. Und ein wohlig gutes Gefühl, dem Garten eigenen Kompost anzubieten – etwas Besseres gibt es nicht. Stille Freude zu sehen, wie der Kompost den Pflanzen wohl bekommt, das gesunde Wachstum fördert und für gute Ernte sorgt.

Mir ist Kompost heilig. Darum wird er auch ab und an von einem Räucherstäbchen beduftet. Es macht Spaß, Kompostrezepte auszuprobieren. Mein Kompost riecht gut!

Kompost-Gedanken
Da ich in den Kreisläufen einer Gärtnerei aufgewachsen bin, macht es mir überhaupt nichts aus, Pflanzen »wegzuwerfen«. Es erstaunt mich, dass Menschen lieber auf Pflanzen schauen, die mittelmäßig sind und nicht gefallen als sich von ihnen zu trennen. Das kann ich nicht verstehen. Mein Kompost freut sich über alles. Und damit schaffe ich Platz für Neues!

FANG AN MIT Suche Dir einen angenehmen halbschattigen Kompostplatz. Setze zwei 100 × 100 × 100 cm große Holzboxen aus einfach übereinandergestapelten Latten, sodass Sauerstoff an das »Verbrennungsfeuer« gelangt. Wichtig ist eine Verbindung zum Boden, damit von unten die hilfreichen Regenwürmer einwandern können. Auf eine gute Mischung der Zutaten achten. Ist der Kompostbehälter voll, dann den Inhalt in einen zweiten Behälter umschaufeln – das beschleunigt die Zersetzung. Da der Kompost von meiner Küche weiter entfernt ist, sammle ich alle grünen Hausabfälle in einer Schubkarre am Haus, die dann einmal in der Woche dort geleert wird.

→ Gärtnern S. 25
→ Umgraben S. 29
→ Gartenräume S. 81
→ Küchengarten S. 105

Aussaat schult den grünen Daumen

Aussäen gehört zu den fortlaufenden Arbeiten in der Gärtnerei. Im Samenzimmer werden im Winter die geernteten Samen gereinigt und abgefüllt. In Samenkatalogen versprechen klangvolle Namen begehrenswerte Sensationen. Neugierige Gärtner bestellen Samen. Vor Weihnachten säen wir Kaltkeimer aus und stellen sie nach draußen. Ab Mariä Lichtmess beginnen wir im Gewächshaus mit den Aussaaten für den Sommer. Schalen werden mit feiner Aussaaterde gefüllt. Gleichmäßig, mit ruhiger Hand wird gesät, etikettiert und vorsichtig angegossen. Warten, bis die Saat aufgeht. Schöpfung.

Es ist andächtige Liebe, zu beobachten, wie sich die zarten Keimblätter durch den Boden schieben. Die ersten Keimblätter sehen meist anders aus als die folgenden, für die Pflanze typischen Blätter. Ist das zweite Blattpaar entwickelt, sind die Keimlinge zum Pikieren bereit. Übung im Umgang mit Pflanzen und Fingerspitzengefühl sind dabei gefordert. *Helleborus* lassen wir an Ort und Stelle sich selbst aussäen. Unter natürlichen Geburtsbedingungen. Im Gemüsegarten säe ich direkt in Reihen aus. Dort freut es mich jedes Jahr aufs Neue, wenn sich Rote Bete tatsächlich wieder zu solchen entwickeln.

Aussäen ist eine heilige Handlung. Vor ein paar Jahren schenkte mir eine Freundin einen Ulmensämling. Der Samen wurde vom Dalai-Lama gesegnet. Ein heiliger Baum. Geburtsstunde für Pflanzen. Inzwischen ist der Baum 6 m hoch gewachsen.

Wenn ich die Muße habe, richte ich mich mit den Aussaaten nach dem Mondkalender. Dies schenkt mir ein zusätzliches Glücksgefühl, zu wissen, dass die Handlung unter den richtigen Sternen steht. In dem Moment, wenn wir Samen aussäen, wollen wir das Ganze im Auge behalten und unser Bestes geben, damit die Pflanzen gedeihen. Wenn ich nach Hause komme, ist ein erster Gang der durchs Gewächshaus. Etwas wächst. Das aufregende Abenteuer Gärtnern hat begonnen. Anfangen und Lernen. Gedanken aussäen.

FANG AN MIT Wünschst Du Dir eine »Spanische Treppe« mit Spanischen Gänseblümchen? Die suchen sich am liebsten ihren Platz selbst aus. Pflanze ein paar Exemplare neben eine Treppe oder auf eine Mauerkrone. Lass' die Natur in Ruhe wirken, fege nicht so ordentlich – im nächsten Jahr tauchen an überraschenden Plätzen Sämlinge auf und verzaubern die Treppe. Viel Vergnügen!

Lichtkeimer
benötigen Licht zur Keimung, werden nicht abgedeckt. In der Natur oft alpine Geröllpflanzen.

Dunkelkeimer
benötigen Dunkelheit. Diese Samen werden so dick mit Erde oder Sand abgedeckt, wie das Samenkorn dick ist.

Kaltkeimer
brauchen zur Aufhebung der Keimruhe etwa 6 Wochen gute Bodenwärme, dann eine Kälteperiode von 6–8 Wochen, z. B. *Helleborus*. Wenn ihre Samen im Frühsommer reif sind und auf die Erde fallen, sind sie im warmen Milieu des Sommers; danach folgt natülicherweise die winterliche Kälteperiode. Im März beginnt dann die Keimung. Manche nehmen sich Zeit: *Trillium* (Dreiblatt) braucht 3 Jahre, bis die Keimruhe vorüber ist.

Aussaaterde
Feines, nährstoffarmes Substrat. Man kann dazu $1/3$ Sand mit $2/3$ feinem Kompost mischen.

→ Samen S. 61
→ Küchengarten S. 105
→ Gewächshaus S. 167
→ Gärten auf Zeit S. 173

Pflanzen schenken Freude

Pflanzen gehören zum irdischen Paradies. Pflanzen verbinden uns mit einem Ort. Ich wollte mich mit meinem Dorf verbinden. Zusammen mit einem Freund beschloss ich, dem Marktplatz einen Garten zu schenken. Ein ungewöhnliches Vorhaben. Die Stadt nahm das Geschenk gerne in Empfang. Wir bauten einen Platz aus unterschiedlichen Mosaikmustern, darin Lavendel-Inseln. Eine vorhandene Skulptur wurde Mittelpunkt in einem üppigen Staudengarten mit Gräsern. Von Anfang an sprachen wir davon, ein Geschenk zu machen. Als Bildunterschrift befestigten wir an einer Mauer (zusammen mit ein paar Kids, die das sowieso alles ziemlich cool fanden) ein Schild mit dem Satz: *Gärten in aller Welt werden aus Liebe gemacht*. Zum Geschenk gehörten zwei Gartenstühle. Und ein weiterer Freund schenkte dem Garten-Platz zwei maßgeschneiderte Gartenbänke.

Es war eine wachsende Freude zu sehen, wie alles gedieh. Alle schauten hin und lernten meine Lieblingspflanzen kennen. Auf dem Platz pulsierte ein grünes Herz. Menschen trafen sich, kamen über *Cephalaria gigantea* ins Gespräch. Mir bereitete es großes Vergnügen, dort zwischendurch *schön* zu gärtnern – immer ein Anlass für amüsante Gespräche. Zum ersten Mal habe ich mich nicht nur zum Einkaufen in die Stadt bewegt, ich entdeckte das Vergnügen, dort ab und zu auf der Bank zu sitzen, zu lesen und mich treiben zu lassen. Es hat mir gefallen, dass die Kids den Garten als Treffpunkt integrierten. Kinder bückten sich, um am Lavendel zu riechen oder Schmetterlinge zu bewundern, die als Geschenk ganz von alleine dazukamen.

Aufsehen erregte ein Champagner-Picknick, das ich dort mit dem Freund zelebrierte, der die Bänke geschenkt hatte. *Central-Park*-Gefühl. Größtes Geschenk für mich war, dass der Garten nie verletzt wurde. Die Stühle blieben stehen. Es kamen Stühle dazu. Die Politik wunderte sich. Eines Tages stand ein Bagger im Garten. Der Garten stand einer Baumaßnahme im Weg. Bürger erwirkten einen kurzzeitigen Baustopp. Der Garten wurde aufgelöst. Nach Jahren freut es mich zu hören, dass das Geschenk in Erinnerung geblieben ist. Wieder träume ich vom Picknick im Central-Park.

Die Natur schenkt uns eine unendliche Auswahl an Pflanzen. Pflanzen schenken dem Garten Leben. Wenn ich Pflanzen aussuche, mache ich meinem Garten Geschenke. Das gefällt mir.

Lasst uns pflanzen und fröhlich sein, denn im nächsten Herbst sind wir vielleicht alle ruiniert.

Vita Sackville-West, 1932

FANG AN MIT Nimm Dir zum Frühlingsanfang einen Wunsch für das Jahr und verbinde dies damit, dir eine Pflanze auszusuchen, die diesen Wunsch für Dich verkörpert. Wähle einen schönen Topf oder eine Ehrenplatz im Garten dafür aus. Beobachte Dich, wie Du mit Deinem Wunsch umgehst, was Du dazu tust, damit er sich erfüllt – denkst Du daran zu gießen, zu düngen, hinzuschauen?

→ Anfang S. 23
→ Gärtnern S. 25
→ Wurzeln S. 55
→ Bäume S. 63
→ Pflanzen-Sammlungen S. 71

Düngen heißt Gutes geben

Nach der langen Winterzeit erfüllt mich die große Vorfreude, im März meinen Garten zu düngen. Ich verwende eine Mischung aus organischem Dünger und Gesteinsmehl. Ein bis zwei Handvoll auf den Quadratmeter. Die Grundversorgung mit Grundnahrungsmitteln. Jahr für Jahr. Pflanzen mit größerem Hunger werden im Jahresverlauf gezielt mit Extra-Gaben in Form von Flüssigdünger verwöhnt. Und zusätzlich ab und zu mit einer Vitaminspritze durch biologische Pflanzenstärkungsmittel. Welche unserer Pflanzen und Pflanzbereiche wie viel Dünger wünschen, erkennen wir im Laufe der Jahre immer deutlicher – intuitiv.

In meinem Garten wächst in einem Bereich – links und rechts des Weges – jeweils eine *Rodgersia tabularis*. Auf der einen Seite hat sie sich zu einem stattlichen, prachtvollen Exemplar entwickelt. Gegenüber, nur 150 cm entfernt, ist sie weniger als halb so groß. Das zeigt mir genau, wie es um ihre Nährstoff- und Wasserversorgung bestellt ist. Es ist nicht die Schuld der Pflanze, wenn sie nicht ihr Potential entfalten kann. Ihr Erscheinungsbild spiegelt ihre Möglichkeiten. Entscheidend sind die Bodenstruktur und die Grundversorgung mit Nährstoffen. Das Pflanzenwachstum ist ein Indikator für das Leben im Boden, für die Bodenaktivität, die uns unsichtbar verborgen bleibt.

Im englischen Sprachgebrauch heißt es *»to feed the garden – den Garten ernähren.«* Wir ernähren uns von Lebens-Mitteln, wir entscheiden uns für eine bestimmte Ernährungsweise. Und damit entscheiden wir uns auch für die Ernährungsweise unserer Nahrungsmittel und die der Pflanzen in unserem Garten. Alles ist miteinander verbunden, ein Geben und ein Nehmen. Düngen ist das gute Gefühl, den Pflanzen Gutes zu geben.

FANG AN MIT Beobachte Deine Pflanzen – Du siehst ihnen an, ob sie sich wohl fühlen und optimal entwicklen. Wenn Du das Gefühl hast, sie haben Hunger – dann zögere nicht, zu düngen. Mit Fingerspitzengefühl. Die Pflanzen verbrauchen Nährstoffe, um sich aufzubauen und zu ihrer Größe heranzuwachsen. Im Winter zerfällt ihre Gestalt, und die Nähstoffe kommen zurück in den Kreislauf. Wenn wir den Garten im Herbst aufräumen, Pflanzen abschneiden, entnehmen wir Nährstoffe, die wir entsprechend mit Dünger zurückführen können. Zum organischen Volldünger gebe ich Gesteinsmehl – Mineralien für einen stabilen Aufbau der Pflanzenzellen.

Ein paar Damen fragten mich, warum ihre Pflanze gestorben sei. Sie hatten sie aus der allerbesten Gärtnerei und hätten es ihr gewiss an nichts fehlen lassen, und da liege sie, tot. Sie hatten ein nettes Loch mit ihrer neuen Gartenkelle gegraben und einen Schachtel konzentrierten chemischen Düngers gekauft. Diesen hatten sie in das Loch geschüttet, die Pflanze hineingetan und zugedeckt und tüchtig begossen, und – sie war gestorben. Und das waren die freundlichsten Seelen der Welt, denen es nie im Traum eingefallen wäre, ein neugeborenes Kind mit Beefsteak und reinem Branntwein zu nähren.

Gertrude Jekyll, 1907

Indikatorpflanzen – Zeigerpflanzen

Viel Stickstoff: Brennnessel, Vogelmiere, Kreuzkraut.
Wenig Stickstoff: Mauerpfeffer, Kornblumen, Kamille, Wilde Möhre.

→ Umgraben S. 29
→ Gärtnern S. 25
→ Ernten S. 47

CORIANDER
CORIANDRUM SATIVUM

Wasser schenkt Leben

Wasser. Quell allen Lebens. Heilige Quellen. Heiliges Wasser. Heiliger Fluss. Im Fluss sein. Wasser ist in alten Kulturkreisen Symbol für Leben und Inspiration. Kalt, heiß, wild, still, kraftvoll, sanft, tief, fließend, stehend, schwebend, plätschernd, sprudelnd, aufschäumend, tropfend, gefroren.

Wasser: genug – zu viel – zu wenig. Akzeptieren. Drainieren. Bewässern.

Lebensspendendes Wasser. Vor dem Pflanzen tauche ich alle Pflanzen, ob im Topf oder aus dem Freiland, in einen Eimer Wasser. So lange, bis keine Luftblasen mehr aufsteigen. Die Pflanzen werden beim Setzen gut angedrückt und nicht mehr gegossen. Sie sollen »aus Angst« Wurzeln machen. Das tun sie.

Mein Garten wird nicht bewässert. Das fange ich gar nicht erst an. Wie lange müsste der Regner laufen, bis das Wasser an die tiefen Wurzeln gelangt? Die Pflanzen werden bequem – statt sich in der Tiefe des Erdreichs auf Wassersuche zu begeben, warten sie auf meine Wassergabe – und sind beleidigt, wenn die nicht kommt. So schaffen wir Abhängigkeit.

Alle Pflanzen in Töpfen werden in der Gärtnerei abends mit einer Regenanlage beregnet. Aussaaten und Stecklinge in den Gewächshäusern werden gegossen. Salat auch. Entlang dieser »Wasserwege« gibt es für den Garten bei sommerlicher Hitze – im Vorbeigehen – eine kurze abendliche Erfrischung. Mehr nicht.

Verspieltes Wasser. Zum Vergnügen hat sich mein Urgroßvater in seiner Felspartie einen Gebirgsbachlauf eingebaut. Das Wasser tritt unter einem Stein hervor und läuft über Steinstufen sanft murmelnd durch den Garten. Wenn ich dort verweile, die Augen schließe, dem Wasser lausche, gehen meine Gedanken auf die Reise. Ferien jeden Tag. Im Garten der langen Vorfreude liegen zwei große Wasserbecken, verbunden mit einer schmalen gemauerten Wasserrille – Erinnerung an die spanische Alhambra. Stundenlang blicke ich auf die ruhige Wasserfläche, betrachte die Spiegelungen. Libellen, Molche und Wasserhüpfer beobachten mich. Das obere Becken wird durch eine Konstruktion vieler alter Wasserhähne gespeist. Je nach Lust und Laune drehe ich die Hähne auf – Wassermusik. Abends spiegelt sich der Mond. Stille Tiefe.

FANG AN MIT Plane eine Wasserstelle an der Terrasse oder am Küchenausgang in den Garten ein – es ist praktisch dort ein großes Waschbecken zu haben, um Gemüse, Stiefel usw. zu schrubben, Gießkannen oder Blumenvasen zu füllen. Sammle Regenwasser wo es geht!

In der That bleibt das Wasser einer der herrlichsten Gegenstände in der Schöpfung und die Seele der Landschaft. Es ist keine Szene so klein, wohin es sich nicht unter irgendeiner Gestalt schickte; keine ist so groß, die dadurch nicht noch an Lebhaftigkeit und Stärke, keine so glänzend, die nicht an Pracht gewinnen sollte.

Christian Hirschfeld, 1779

Im Wasser sein
Es muss nicht gleich ein Schwimmteich sein – auch ein Kneipp'sches Fußbad tut gut.

→ Ort S. 19
→ Gärtnern S. 25
→ Klima S. 97

Vermehrungs-Kunst

Mutterpflanzen heißen so, weil aus ihnen »Pflanzenkinder« erwachsen. Mutterpflanzen-Quartiere von *Delphinium,* Päonien, *Iris, Phlox, Aconitum, Anemone,* Astilben, Astern, Gräsern, *Hemerocallis, Salvia, Achillea, Cimicifuga, Geranium* und *Bergenia* prägen unsere Gärtnerei. Sie sind unser produktives Kapital. Mutterpflanzen werden aufgepflanzt, um einen gesunden, sortenreinen Bestand von Pflanzen aufzubauen. Die »Mütter« werden mit Düngegaben, Gesteinsmehl und Stärkungsmitteln verwöhnt. Wenn es ihnen gut geht, können wir von ihnen entsprechendes Vermehrungsmaterial ernten: Stecklinge, Ausläufer, Wurzelschnittlinge oder Teilstücke.

Vegetativ vermehrt werden insbesondere die »Sorten«, also Pflanzen, die aus Kreuzungen hervorgegangen sind. Beispielsweise die klassischen Ritterspornsorten wie 'Amorspeer', 'Jubelruf' und 'Lanzenträger', die man durch »Grundstecklinge« vermehrt. Rittersporn entwickelt sich sehr schnell und das Schneiden der Stecklinge ist an wenigen Tagen im Frühling möglich. Dazu werden die frischen kurzen Triebe mit einem scharfen Messer mit einem Stückchen von der Basis der Mutterpflanze abgetrennt. Es bilden sich schnell neue Zellen, aus denen Wurzeln wachsen.

Bei der Vermehrung sind unsere »grünen Daumen« gefragt. Die Geheimnisse der Pflanzen zu erspüren, zu ahnen, wann und wie sich eine Pflanze am besten vermehren lässt. Es ist der Gärtner Kunstfertigkeit, wenn wir nach Jahren aus einer neuen Pflanze einen Bestand von ein paar Hundert Exemplaren aufgebaut haben. Freude. Stolz. Betriebsgeheimnis. Die Vermehrung ist das Herz der Gärtnerei. Hier entsteht Leben.

Heutzutage finden Pflanzenzüchtung und -vermehrung allerdings mehr und mehr im Labor statt. Neue Sorten tragen englische Namen und sind registriert – und wir Gärtner dürfen sie nicht mehr selbst vermehren. Die Jungpflanzen kommen aus Meristemvermehrung (Gewebekultur), mit einer unbegrenzt möglichen Massenvermehrung im Labor. Aus einer Pflanze können innerhalb weniger Wochen Abertausende »Tochterpflanzen« entstehen. Einzelne Zellen entwickeln dabei unter Zugabe von Pflanzenhormonen und Licht auf einem Nährmedium Blätter und Wurzeln – weit entfernt von Mutter Erde.

FANG AN MIT Brauchst Du viele Pflanzen für mehrere Meter Lavendel? Dann kannst Du im April/Mai kurze, 3–4 cm lange Seitentriebe von der »Mutterpflanze« abziehen. Beim Abziehen (nach unten) bleibt ein Stückchen vom »alten Holz« der Mutterpflanze an diesem abgerissenen Trieb. Das ist wichtig! An diesem Stückchen entwickeln sich schnell neue Wurzeln. Nimm die Risslinge, stecke sie in Töpfe oder eine Holzkiste. Nach 3–4 Wochen haben sich die ersten Wurzelchen gebildet.

Die Vermehrung der Pflanzen wird auf zweierlei Weise herbeigeführt:
- **durch generative Vermehrung, also durch Samen;**
- **durch vegetative Vermehrung, also durch Stecklinge, Wurzelschnittlinge, Brutzwiebeln, Ausläufer oder Teilung.**

Reine **Pflanzenarten werden durch Samen vermehrt. Die Arten »spielen« manchmal mit ihrem Erscheinungsbild. Wenn uns dann eine besonders attraktive Pflanze ins Auge fällt, pflanzen wir sie als** ***Samenträger*** **gesondert auf, um von ihr Samen für die schönsten Nachkommen zu ernten.**

→ Wurzeln S. 55
→ Samen S. 61
→ Sommer S. 145
→ Gewächshaus S. 167

Vom Kraut zum Un-Kraut

To weed or not to weed, das ist die Frage. Ab wann wird ein Kraut zum Unkraut? Warum erfreue ich mich an Feldern mit Abermillionen Löwenzähnen und kaufe einen Löwenzahnstecher, um den einen Löwenzahn aus meinem Beet zu ziehen? »*Unter Unkräutern versteht man zwischen Kulturgewächsen wild wachsende Kräuter. Sie werden dadurch schädlich, dass sie mit den angebauten Pflanzen die Nahrung teilen und ihnen Licht und Luft entziehen. Um ihr Aufkommen nach Möglichkeit zu verhindern, darf man ihnen nicht gestatten, Samen zu tragen; das Aufgekommene aber muss man sofort ausrotten und darf nicht warten, bis es groß und stark geworden.*« (Illustriertes Gartenbaulexikon, 1926)

Es bleibt die Frage der Kontrolle und des Akzeptierens. Ich bitte Ferdinand, die linkswindende *Convolvulus arvensis* zu fotografieren. Ihre Blüten verzaubern mich. Wenn sich in meinem Garten jedoch Giersch wohlfühlt, habe ich die Wahl zwischen einem nicht enden wollenden Kampf und, als Kapitulation, dem Schreiben eines Etiketts: *Aegopodium podagraria,* Apiaceae, Geißfuß, Bishop's Weed.

Unkraut hat eine magische Anziehungskraft. Wenn ich mal eben kurz hinausgehe, ist es schon nach wenigen Metern passiert: Ich beginne mich zu bücken. Schnell ist die Hand voll mit Weidenröschen und Springkraut, ist die halbe Stunde herum – und die Rückkehr mit Salat wird noch immer in der Küche erwartet. To weed or not to weed.

Wenn ich allein sein will, gehe ich *krauten* – schaffe mir inspirierenden Freiraum für Gedanken! Gedanken jäten, Gedankenunkräuter ziehen. Besonders zufriedenstellend ist das Jäten nach einem leichten Sommerregen, wenn alles mit der Wurzel sauber herauskommt. Unkrautziehen zu zweit – geht doppelt so schnell.

FANG AN MIT Stell' im Sommer Weidenkörbe an deine Beete – als Einladung für die Mal-eben-Unkrautaktionen. Wenn wir gleich wissen, wohin mit der Handvoll Kräuter, dann geht es uns mal eben – zwischendurch – leichter von der Hand.

Wurzelunkräuter
Willst du ein Beet neu bepflanzen und es wachsen darin Wurzelunkräuter, dann lohnt sich die Mühe, ein Jahr lang systematisch die Fläche mit der Grabegabel durchzuarbeiten, bis alle Stückchen zutage gefördert sind.

Wegeunkräuter
Ungewünschtes Grün in Ritzen und Fugen lässt sich leicht mit unverdünntem Essigreiniger spritzen. Wenn die Pflänzchen klein sind, brauchen wir weniger Mittel und die Essigsäure wirkt auf dem zarten Grün sehr schnell.

→ Gärtnern S. 25
→ Werkzeug S. 27

Die Kunst des Schneidens

Frauen sind meist zu sanft, um gute Gärtner zu sein – um nicht gar das Wort zimperlich zu benutzen«.

Beverly Nichols, 1932

Wenn ich auf die Anzahl der Scheren in meinem Gartenkorb blicke, sieht es so aus, als wenn ich immer etwas zu schneiden hätte. Das ist auch so. Wie beim Friseur: in Form schneiden. In Fasson schneiden. Kurz schneiden. Abschneiden. Ausdünnen. Korrigieren. Konturen schneiden. Gar nicht schneiden. Für jeden Zweck eine andere Schere.

Was schneide ich? Im Winter Gehölze, im Frühling Rosen, im Juni Buchs, im Sommer Lavendel, im August Eibenhecken und im späten Herbst und Februar Stauden.

Das Schneiden eines Lavendelfeldes ist eine Übung auf dem Weg zur guten Gärtnerin! In der Provence habe ich erlebt, wie rigoros die Felder Mitte Juli mit Maschinen abgeschnitten und geerntet werden. Gesehen – getan. Wenn ich im Juli morgens mein Lavendelfeld im Blick habe, gibt es den einen Morgen, an dem das Lavendelblau gebrochen ist – ins Blaugrau wechselt. Das ist der entscheidende Moment. Mit dem größten Vergnügen und meiner kleinen Heckenschere gebe ich mich dem Tagwerk hin. Reihe für Reihe werden die Pflanzen streng auf die Hälfte zurückgeschnitten. Lavendelduft in der Luft. Ferien jeden Tag. So in Fasson gebracht, tanken die Pflanzen Sommersonne und entwickeln einen neuen Blattaustrieb, mit dem sie dem Winter bestens standhalten.

Mit dem Schneiden animieren wir Pflanzen, ein zweites Mal zu blühen. Katzenminzen schneide ich zunächst unmittelbar nach ihrem ersten Blütenschwung. Sobald im Herzen der Pflanze junge Triebe sprießen, schneide ich die gesamten Stauden eine Handbreit über dem Boden ab. Dann kann ich in die Ferien gehen. Wenn wir zurückkommen, werden wir von einem frischen blauen Blütenband begrüßt. Gleiches gilt für Salbei und Frauenmantel. Auch Rittersporn lässt sich zu einer zweiten Blüte ermuntern. Dies gelingt am besten, wenn er von allen Seiten Licht und Wärme bekommt, um die Energie für eine zweite Blüte aufzubauen.

Kunstkniff: Im Juni schneide ich da und dort am Phlox, an den Astern, am Schleierkraut oder an den *Helenium* einige Triebspitzen ab. Die gekürzten Triebe blühen zeitversetzt und verlängern den Flor.

FANG AN MIT Chelsea-Flower-Cut à la Beth Chatto: Schneide in der 3. Maiwoche alle Fetthennen – 'Herbstfreude', 'Matrona', 'Brilliant', 'Karfunkelstein' – auf die Hälfte herunter. Die Pflanzen verzweigen sich bestens, wachsen kompakt weiter – und verlieren im Sommer nicht mehr aus Übermut ihre Form.

→ Gärtnern S. 25
→ Werkzeug S. 27
→ Blumenschmuck S. 221

Ernte-Dank

Vor ein paar Jahren durfte ich in einer Suppenküche im Norden Namibias helfen. Die Kinder fragten mich nach meinem Beruf. Ich erzählte Ihnen, dass ich in einem Garten Blumen für Gärten anbaue und verkaufe. Blumen nur so, nicht um sie zu essen, das konnten sie nicht verstehen. Im Ovamboland wird Hirse gesät. Alle sind auf die Hirseernte angewiesen. Es gibt morgens, mittags, abends Hirse zu essen. Eine Missernte ist eine Katastrophe.

Nach meiner Reise habe ich Apfelbäume gepflanzt, ein Lavendelfeld und einen kleinen Küchengarten angelegt. Dieser ist wirtschaftlich in Felder aufgeteilt, in Reihen bepflanzt. Ich erinnerte mich an das Buch von John Seymour über »Das Leben auf dem Lande« – ein Bild für das Leben im Einklang mit der Natur, verantwortungsbewusst und unabhängig.

Wie nehme ich das Thema *Wachstum* selbst in die Hand? Es macht Freude, mit Kompost, Gründüngung und Gesteinsmehl das Land zu verbessern, um für eine gute Ernte zu sorgen, in Kreisläufen zu denken und sich gesund zu ernähren. Unabhängig von äußeren politischen Umständen sprießen die Stauden, treibt der Rhabarber, gedeiht der Salat und reifen die Äpfel. Es bereitet mir Vergnügen, verschiedene Gemüsesorten auszuprobieren. Und es macht mich zufrieden, durch den Garten zu gehen und zu ernten – Geschenke des Himmels. Voller Stolz das erste Koriandergrün, die ersten Sellerieknollen!

Aber es ist mir auch bewusst, wie viel Engagement in dem Projekt *Selbstversorgung* steckt. Herumzugehen und ab und zu mal einen Salat ernten ist eine leichte Übung.
Sich jedoch ausschließlich aus dem Garten zu ernähren ein neuer Weg. Es ist mir wichtig, das Thema Ernte zu kultivieren und mir täglich bewusst zu machen. Welche Herausforderung ist es tatsächlich, ein Selbstversorger zu sein? Erfüllend sicher, aus dem eigenen Garten zu leben. Was gebe ich dafür, damit ich eine gute Ernte einfahren kann! Wie kostbar ein Apfel! Es freut mich, wenn sich im Herbst der Korb mit Boskoop-Äpfeln füllt.
Kaiserschmarrn mit Apfelmus aus dem eigenen Garten.
Dankbar sein. Den Göttern danken. Erntedank feiern.

FANG AN MIT Ein Beet mit Erdbeeren, eine Salatbar, ein Apfelbaum, drei Rhabarberstauden, ein Kürbis. Chilis – kann ich auch!

Erntedankfeste
29. September ist Michaelitag, der darauffolgende Sonntag oftmals ein traditioneller Erntedanktag.

Man ist, was man isst.

Ludwig Feuerbach
(1804–1872)

→ Umgraben S. 29
→ Kompost S. 31
→ Düngen S. 37
→ Samen S. 61
→ Küchengarten S. 105
→ Blumenschmuck S. 221

Starrer Bärentatzenfarn
Polystichum rigens
Herkunft
Japan

Pflanzen und ihre Namen

Aubrieta leichtlinii 'Crimson'. Als ich diesen Namen auf einem der alten Porzellanetiketten fand, musste ich schmunzeln. Es gefiel mir, zu wissen, dass mein Urgroßvater zu Max Leichtlin (1831–1910) Kontakt hatte, der als Stadtrat in Baden-Baden einen privaten botanischen Garten kultivierte und seinerzeit zu den bedeutendsten Importeuren seltener Stauden und Blumenzwiebeln gehörte. Max Leichtlin war seinerseits gut mit Gertrude Jekyll befreundet, die sich einige Male zu Kuraufenthalten in Baden-Baden aufhielt. Vielleicht sind sich mein Urgroßvater Georg Arends und Gertrude in Baden-Baden begegnet. Das beflügelte meine Phantasie, und seither sind für mich alle Pflanzen, die *leichtlinii* im Namen tragen, interessant.

Pflanzennamen erzählen Geschichten, über deren Herkunft und ihr Aussehen. Die wissenschaftliche Namensgebung, die Nomenklatur der Pflanzennamen, dient dazu, sich eindeutig in der ganzen Welt über dieselben Pflanzen unterhalten zu können. Jahrhundertelang fehlte es an einer Übereinstimmung unter den Namen, die immer wieder von verschiedenen Forschern ein und derselben Pflanze gegeben wurde. Um 1700 wurde schließlich eine botanische Kunstsprache entwickelt, um eine eindeutige Verständigung zu ermöglichen. Carl von Linné (1707–1778), ein schwedischer Arzt, der als Professor der Botanik promovierte, hat diese bis heute gültige *binäre Nomenklatur* eingeführt, nach der jeder Pflanzenname aus zwei Namen, einem Gattungs- und einem Artnamen, besteht. Er stellte 1735 ein Verzeichnis aller damals (weltweit!) bekannten Pflanzen zusammen, das *Systema Naturae*. Wenn wir hinter einem Pflanzennamen das Autorenkürzel L. finden, so besagt dies, dass diese Pflanze zum ersten Mal von Carl von Linné gültig beschrieben und diese Beschreibung veröffentlicht wurde und dass sie demzufolge bereits im 18. Jahrhundert bekannt war.

Bei jedem Pflanzennamen steht als Erstes der Gattungsname. Er wird immer groß geschrieben. Dieser Name sagt etwas aus über:

- Beschaffenheit; z. B. *Primula* von *primus*, *prima*, die Erste, als Andeutung für ihre frühe Blütezeit.
- Herkunft; z. B. *Castanea* (Kastanie), aus Kastana (Region in Griechenland) stammende Pflanze.
- Ähnlichkeit mit anderen Pflanzen, Tieren oder Gegenständen; z. B. *Mimulus* (Gauklerblume), aus dem Griechischen *mimos,* der Pantomime, weil die Blume in der Form Ähnlichkeit mit einer Theatermaske hat. *Fritillaria* (Schachbrettblume), von *fritillus,* Würfelbecher, als Anspielung auf die Form der Blüte. *Corydalis* (Lerchensporn), aus dem Griechischen von *korydalos,* Lerche, wegen der Form der Blumen, die einer Lerche ähnelt.

Dich verwirret, Geliebte, die tausendfältige Mischung dieses Blumengewühls über den Garten umher; viele Namen hörest Du an, und immer verdränget mit barbarischem Klang einer den anderen im Ohr. Alle Gestalten sind ähnlich, und keine gleichet der andern; und so deutet das Chor auf ein geheimes Gesetz, auf ein heiliges Räthsel.
O könnt' ich Dir, liebliche Freundin, überliefern sogleich glücklich das lösende Wort.

Johann Wolfgang von Goethe, 1798

Mehr Informationen zu botanischen Persönlichkeiten
Douglas – *Douglasia*
Fortune – *fortunei*
Georg Arends – × *arendsii*
Graf von Waldstein – *Waldsteinia*
Lindheim – *lindheimeri*
Nathaniel Wallich – *wallichii*
Sir Joseph Banks – *Banksia*
Tony Schilling – *schillingii*
Veitch – *veitchii*
Veltheim – *Veltheimia*
von Eschscholtz – *Eschscholzia*
von Siebold – *sieboldii*
Willmott – *willmottiae*

- Ehrung von Forschern oder Heiligen; z. B. *Aubrieta* (Aubrietie), wurde im 18. Jahrhundert dem Maler Aubriet gewidmet, der hauptsächlich Naturgegenstände darstellte.
- Verwendung der Pflanze; z. B. *Sanguisorba* (Wiesenknopf), vom Lateinischen *sanguis,* Blut, und *sorbere,* verschlucken, da die heimische Art als blutstillendes Mittel verwandt wird.

Zu dem Gattungsnamen kommt die Bezeichnung der Art, das zweite Wort jedes Pflanzennamens, das man immer klein schreibt. Auch hier kann der Name für Verschiedenes stehen:

- Beschaffenheit; z. B. *mollis* = weich.
- Farbe; z. B. *rubra* = rot.
- Wuchsform; z. B. *scandens* = kletternd.
- Herkunft; z. B. *helvetica* = aus der Schweiz.
- Widmung an den Entdecker der Pflanze; z. B. *leichtlinii* nach Maximilian Leichtlin, einem deutschen Botaniker (1831–1910) oder *sieboldii* = nach dem bayerischen Arzt und Japanreisenden Philipp Franz von Siebold (1796–1866).

Wenn der Mensch beginnt, aus den einzelnen Pflanzenarten besondere Formen zu selektieren, die sich in Farbe, Wuchsform oder anderen Eigenschaften von der ursprünglichen Art unterscheiden, so züchtet er damit neue Pflanzen, es entstehen Cultivare. Diesen werden ebenfalls mit einem eigenen Namen versehen, dem Sortennamen. Er wird dem Artnamen hinzugefügt und in einfache Anführungszeichen gesetzt, z. B. *Aubrieta leichtlinii* 'Crimson' für die karminrote Zuchtvariante dieser Art.

Auf Etiketten in botanischen Gärten finden wir meist noch eine weitere Bezeichnung, die über allem steht – die Pflanzenfamilie. In Pflanzenfamilien sind Pflanzen zusammengefasst, die bestimmte Merkmale gemeinsam haben. Zum Beispiel die Apiaceae (Doldenblüter). Von ihnen gibt es weltweit ungefähr 1 300 verschiedene Arten. Allen gemeinsam ist die Blütenform: Die einzelnen, sehr kleinen Blüten stehen auf Stielchen um einen einzigen Punkt herum. Einen solchen Blütenstand nennt man Döldchen. Mehrere dieser Döldchen stehen wiederum in gleicher Form zusammen und bilden eine Dolde. Zu den Doldenblütlern gehören Gattungen bekannter Zier- und Nutzpflanzen, wie etwa *Astrantia, Angelica, Ammi,* Dill, Kümmel, Petersilie, Möhre und Kerbel.

Ist das nomenklatorische Prinzip verstanden, kommen wir damit durch die Welt und können prima *elegantissima* flirten! Es war großartig, als ich bei dem Besuch eines botanischen Gartens in Südindien endlich eine mir bekannte Pflanze sah und sie mit *Ophiopogon planiscarpus* 'Nigrescens' ansprach. Der Gärtner sah mich plötzlich mit leuchtenden Augen an. Von da an haben wir uns verstanden.

FANG AN MIT Achte beim Kauf Deiner Pflanzen auf die korrekte Etikettierung. »Rittersporn Blau« ist eine vage Aussage! Wenn das richtige Etikett bei der Pflanze ist, dann kannst Du über sie etwas nachlesen und die entsprechenden Pflanzen auch immer wieder nachkaufen. Etikettiere Deine Pflanzen – sichtbar-unsichtbar –, Bäume, Rosen, Stauden, Aussaaten, Gemüsepflanzen oder Deinen Topfgarten. Über die Etiketten hinweg ergeben sich zudem interessante Gespräche. Für mich sind sie wie eine Bildunterschrift zu einem Foto oder Gemälde.

Pflanzennamen und ihre Bedeutung

aizoon – immergrün
alba – weiß
alpina – Alpen-
angustifolia – schmalblättrig
argentea – silbrig
caerulea – blau
coccineum – scharlachrot
cordata – herzförmig
croatica – kroatisch
divaricata – sperrig
dumosus – kleinbuschig
flavum – gelb
grandiflora – großblütig
japonica – japanisch
lactiflora – milchweiß blühend
lanata – wollig
lineata – liniert
lutea – gelb
macra – dünn
macrophylla – großblättrig
majalis – Mai-
major – größer
maritima – Meeresstrand-
maxima – sehr groß
minor – kleiner
mollis – weich
nigra – schwarz
ochroleuca – gelblich-weiß
odoratum – duftend
officinalis – Arznei-
palustris – Sumpf-
paniculata – rispig
pinnata – gefiedert
planum – flach
prostrata – niederliegend
repens – kriechend
rosea – rosa
sanguineum – blutrot
sessile – ungestielt
superba – stolz
sylvestris – Wald-
tinctoria – Färber-
tomentosa – filzig
triplenerva – dreinervig
verna – Frühlings-
vulgaris – gewöhnlich

Wurzel-Kraft

Wurzeln sind eines der Grundorgane der Pflanze und besitzen eine ganz eigene Morphologie. Sie dienen der Aufnahme von Wasser und darin gelöster Nährsalze. Wurzeln verankern die Pflanze im Boden. Die oberirdische Gestalt der Pflanze spiegelt die Entwicklung des unterirdischen Wurzelsystems wieder und zeigt, wie optimal sich die Pflanze mit Wasser und Nährstoffen versorgen kann. Bei Möhren, Petersilie, Pastinak, Roter Bete, Radieschen, Meerrettich und Schwarzwurzel sind Wurzeln Speicherorgane.

Mein Urgroßvater hat im Jahr 1901 sein Haus gebaut und im Garten vor dem Haus eine Blutbuche gepflanzt, *Fagus sylvatica* f. *purpurea*. Sie ist seit dem 18. Jahrhundert in Kultur, kann 30 m hoch und 200 Jahre alt werden. Der Baum ist grandios. Malerisch. Achtsam berühre ich den Stamm mit seiner borkigen Rinde und achte darauf, nicht auf die Wurzeln zu treten, die wie kraftvolle Arme in der Tiefe des Bodens verschwinden. Den unterirdischen Wurzelraum, der von einer majestätischen Baumkrone gekrönt wird, kann ich nur erahnen. Als ich mit Kindern darüber nachdachte, wie wir dem Baum Gutes tun könnten, war allen schnell klar, dass ein Eimer Wasser für die Wurzeln nicht ausreichen würde. Die Kinder überlegten nicht lange und sangen dem Baum ein Ständchen. Das Gute ist angekommen.

Verwurzelt sein. Für mich ist die Blutbuche mein Ahnenbaum – eine direkte Verbindung zu meinem Urgroßvater. Wenn mich Fragen bewegen, blicke ich zu diesem Baum, setze mich in seine Nähe, und der innere Dialog beginnt. Es ist ein Geschenk, mit seinen Wurzeln verbunden zu sein. Halt zu finden. Wenn ich mich in den Aspekt der Wurzeln hineinvertiefe, denke ich über meine geistigen Wurzeln nach – habe ich Pfahlwurzeln, Herzwurzeln, bin ich Flachwurzler, Tiefwurzler. Wurzeln gehen in die Tiefe und in die Breite. Wie unser Wissen in die Tiefe und Breite geht. Unsere geistigen Wurzeln erschließen uns Quellen des Wissens. So wachsen wir.

Wurzeln schlagen. Eines Tages war es mir wichtig, einen eigenen Baum zu pflanzen. Eigene Wurzeln zu schlagen. Meine Linde. Ins Erdreich, an ihre Wurzeln, habe ich beim Pflanzen einen Rosenquarz gelegt.

Wurzelware
Bis Ende der 60er-Jahre war es üblich, Stauden als Wurzelware aus dem Freiland anzubieten. Jeweils im April und Oktober war für die Pflanze der günstigste Zeitpunkt, ihre Wurzeln zu stören. Damals wurden die Pflanzen nicht in Plastiktöpfen angeboten. Ein Pflanzeneinkauf wurde lange vorgeplant. Es gibt viele Stauden, wie Pfingstrosen und Bartiris, denen das Leben im Plastiktopf nicht behagt. Den Wurzeln ist es zu eng, sie bekommen zu wenig Luft oder sie ertragen die stehende Nässe nicht.

In Udaipur fand ich einen kleinen, nur 20 × 20 cm messenden Altar im Wurzelraum eines Baumes. Der kleine Altarraum befand sich unter der Erdoberfläche. Seine Wände waren weißgetünchte Wurzelarme. Das Bild geht mir nicht aus dem Kopf.

FANG AN MIT Die Gartenbeete im Sommer nicht zu gießen. Die Pflanzen wollen überleben, bilden Wurzeln, um ihr Wasser zu suchen. Wenn Du sie gießt, werden sie bequem. Sobald Du nicht da bist, machen sie schlapp. In der Gärtnerei tauchen wir die Pflanzen in einen Kübel Wasser, bevor wir sie einpflanzen. Ab dann sind sie auf sich selbst gestellt: Die Pflanzen sollen aus Not Wurzeln machen – und das tun sie.

→ Ort S. 19
→ Umgraben S. 29
→ Vermehrung S. 41
→ Bäume S. 63
→ Heilige Orte S. 195

Blätter-Teppich

Peltiphyllum peltatum – eine Kinder-Garten-Freundschaft. In Kinderzeiten haben mich die riesigen Blätter fasziniert. Der dichte Blätterwald zieht sich entlang dem Bachlauf in der Felspartie. In unserer Kinderaugenperspektive hatte die gigantische große Blätterwelt etwas Geheimnisvolles, Dschungelhaftes. Mit elefantenrüsselähnlichen »Füßen« wandern die urtümlichen Pflanzen durch den Garten. Die »Rhizome«, die tatsächlich an Elefantenrüssel erinnern, ziehen sich mit festem Geflecht über die Steine des Bachlaufes und haben das Erdreich fest im Griff.

Im Frühling erscheinen als Erstes auf hohem Stiel unerwartet zarte, kleine, rosa Blüten. Nach der Blüte entwickeln sich die prachtvollen, am Rande gelappten, freudiggrünen Blattschirme. Mit ihren »Regenschirmen« sammelt die Staude an schattigen Plätzen Licht und Wasser. Bezaubernd sind die funkelnden Wasserpools, zu denen sich die Schirme nach einem Sommerregen wandeln. Herrlich das Spiel von Licht und Schatten auf den Blattschirmen. Im Herbst kommt eine orange-rote Blattfärbung hinzu.

Es überrascht mich zu lesen, dass *Peltiphyllum*, eine in Kalifornien an Bachrändern heimische Pflanze, erst 1873 erstmalig beschrieben wurde. Das macht seine Anwesenheit in der Felspartie speziell, denn offensichtlich hatte mein Urgroßvater schon bald nach seiner Entdeckung *Peltiphyllum* in Ronsdorf gepflanzt.

Blätter sind faszinierend, vom Keimblatt bis zum Mammutblatt. Morgenglitzern von Frauenmänteln. Winterrote Bergenia 'Abendglocken'. Bei der Auswahl von Pflanzen ist mir das Blattwerk wichtig. Während des Jahres sehen wir bisweilen von den Blättern mehr als von den Blüten. Die Vielfalt in Farben, Formen und Textur ist inspirierend. Malerisch à la Monet, ein Blatt-Teppich in fantasievollen Mustern, gewebt aus Blattfarben, Blattstrukturen und Blatttexturen. Schöne Blätter.

FANG AN MIT Freue Dich über schattige Partien in Deinem Garten. Verwebe feinste Blattschmuckstauden und Farne zu einem kostbaren Perserteppich.

Peltiphyllum peltatum, Syn. *Darmera peltata*: *pelt* = Rundschild, *phyllon* = Blatt; Schildblatt, Saxifragaceae (Steinbrechgewächse); engl. *umbrella plant* (Schirmpflanze). *Peltiphyllum peltatum* 'Nana': kleine Variante der großblättrigen Schwester für kleinere Gartenproportionen.

Aus Blättern schließen
Mit den Blättern nimmt die Pflanze Licht auf. Je nach Standort entwickelt die Pflanze große oder kleine Blätter in bestimmten Blattstellungen, um optimal Sonnenenergie aufzunehmen oder Wasser zu sammeln. An heißen, trockenen Standorten sind die Blattoberflächen reduziert oder durch eine Wachsschicht vor Wasserverlusten geschützt. Wenn wir uns in die Pflanze hineindenken, wird es uns leichtfallen, an ihrem Erscheinungsbild zu erkennen, welche Bedürfnisse sie an Licht, Schatten und Wasserversorgung hat.

→ Regen S. 191
→ Klima S. 97

Blüten-Wunder

Die Blüte ist ein Wunder der Natur. Es ist faszinierend, was sich Mutter Natur mit der Schönheit, Farbigkeit, Formenvielfalt und Sinnlichkeit ihrer Blütenschöpfungen ausdenkt. Alles, um Insekten oder andere Tiere zu verführen. Insekten sind erfinderisch. Pflanzen auch.

Die Blüten des Knöllchenknöterichs, *Persicaria vivipara,* in arktischen Breiten oder alpinen Höhen zu Hause, schaffen es in der kurzen Vegetationszeit nicht, Samen auszubilden. Die Pflanze entwickelt im unteren Teil ihrer Blütenähre kleine Brutzwiebeln. Aus den Zwiebelchen entwickelt sich ein Blatt. Wenn das Knöllchen reif ist, fällt es herunter. Das halbfertige Pflänzchen bildet im Kontakt mit der Erde schnell Wurzeln aus, und noch vor dem ersten Frost ist das neue Pflänzchen fertig. Raffiniert. Eine effektive Abkürzung von Mutter Natur. Evolution.

Im Archiv der Gärtnerei liegen über 1000 Glasnegative aus der ersten Hälfte des 20. Jahrhunderts, ordentlich in braunen Papierhüllen geschützt, versehen mit botanischen Namen und Datum. Porträts blühender Schönheiten. Knospend. In voller Blüte. Verlockend. Verführerisch. Blütenmeere. Blütenkleider. Doldenblütler, Korbblütler, Lippenblütler. Völlig überraschend finde ich zwischen den Staudenporträts ein Kaktusporträt: »Königin der Nacht, Winter 1936/37.«

Selenicereus grandiflorus. Haiti. Herrliche, 20 cm große, nachts sich öffnende, fein wohlriechende Blüten. Von den länglichen Blumenblättern sind die äußeren gelblich, die inneren reinweiß. Griffel weiß und gelb, Narbe gelb. Blütenröhre und Fruchtknoten tragen lange, bräunliche, gekräuselte Wollhaare sowie 1 cm lange, braune, borstige Stacheln.

Pareys Blumengärtnerei, 1932.

Die Schärfe, Brillanz und Detailgenauigkeit sind bestechend. Ich denke an die Winternacht im Gewächshaus, als das Bild entstand. Der Fotograf und die Königin der Nacht. Diese einzige Nacht. Sich näherkommen. Sich langsam öffnen. Sich im Auge behalten. Flirten bei den Vorbereitungen des Bildaufbaus. In Szene setzen. Den Standpunkt finden. Den richtigen Moment abwarten. Exakte Fokussierung. Festhalten. Belichten. Hoffen, dass alles gelungen ist. Entwickeln. Sich über das Bild freuen.

FANG AN MIT Betrachte die Blüten ganz genau. Entdecke ihre Vielfalt. Konzentriere Dich auf sie, fotografiere sie, zeichne sie. Lass' Dich von ihr zu Farbkombinationen, Linienführung, Formen, zu Entwürfen von Dingen in Deinem Alltag und in Deiner Umgebung, zu Kleidern und Schmuck inspirieren.

→ Samen S. 61
→ Blumenschmuck S. 221

Samen-Überraschungen

Wenn sich im Frühsommer Wolken fliegender Löwenzahnsamen die Freiheit nehmen, über die Gärtnerei zu segeln, wünsche ich mir eine sanfte Brise, die die fantastischen Flugkörper weitertragen möge. Seid fruchtbar und mehret Euch! Bei ein paar heiligen, schwarz glänzenden *Helleborus*-Samenperlen laufe ich ein paar Tage mit den Mäusen um die Wette. Wenn ich gewonnen habe, dauert es 3–4 Jahre, um zu sehen, welch neue einzigartige Schmuckstücke daraus geworden sind.

So wird es meinem Urgroßvater Hunderte von Malen ergangen sein. Bei seinen unzähligen Pflanzenkreuzungen immer voller Spannung zu warten, ob die erhoffte Blütenfarbe dabei ist. Ob sich aus einem Samenkorn die überraschende unerwartete Sensation entfaltet. Spannend.

In der Gärtnerei gibt es zwei Samenzimmer. Heilige Räumlichkeiten. Abschließbar. In Holzregalen: Karton neben Karton, gefüllt mit getrockneten Blütenständen. An der Wand hängen Holzsiebe unterschiedlicher Größe, zum Teil haarfein bespannt, außerdem Holzmolen, Waage, Pinzetten, Tüten. Im Winter werden die von Mutter Natur kunstvoll verpackten Samen aus ihren Kapseln, Schoten und Hüllen geklopft, gerieben, geschwungen und gesiebt. Grammweise in feine Tüten verpackt und etikettiert. Wertvolles Gut.

In meinem Garten gefällt mir der Winter mit *seed-heads – seed-hats* – Samen-Hüten. Die Winterkollektion der Samenhüte ist fantasievoll! Spätestens jetzt würde uns *Phlomis russeliana,* der Samischer Löwenschwanz, ins Auge fallen. Straff aufrecht stehen die vierkantigen, braunen Stängel mit ihren präzisen Blütenquirlen aufgeputzt vor uns. Wir würden ab und zu einen Vogel beobachten, der akrobatisch Samen herauspickt. Auch die zahllosen silbrig-feinen Federhütchen von *Aster divaricatus* würden uns gefallen. Ich liebe die Vorfreude, zu sehen, wo die Hütchen im Laufe des Winters landen und im Frühling dann in Erscheinung treten. Wenn ich durch den Winterschneegarten gehe, gefällt es mir, von ferne Gruppen unter Winterschneehüten zu erahnen. Ihr Getuschel zu hören und zu wissen: Alle sind da. Die Schneemützen von *Sedum* 'Herbstfreude' sind faszinierend. Aber es kommt der Tag X im Februar, da verabschiede ich mich von den zerzausten Hüten. Säe neue Samen.

Der Samen gilt als reif, wenn er sich von der Mutterpflanze loslöst, um sich selbstständig weiterzuentwickeln.

FANG AN MIT Nicht alles im Herbst abschneiden – auch die Vogelwelt freut sich.

→ Vermehrung S. 41
→ Ernten S. 47
→ Gärten auf Zeit S. 173

Mit Bäumen leben

Painting the sky. Bäume malen den Himmel. Das Bild gefällt mir. Baumwipfel, Baumkronen, Baumspitzen. Meine liebe Linde beginnt zu zeichnen. Aus diesem Blickwinkel betrachtet, hat die Landschaft eine neue Silhouette – neue Kompositionen, neue Gemälde entstehen. Überraschende Zusammenhänge. Interessant, aus dieser Perspektive zu planen.

Ich liebe die Winterskyline mit Säuleneiben. Magisch, geheimnnisvoll die Schwarzkiefer im Nachthimmel. Bin froh, dass meine Mutter die Platane gepflanzt hat, die sich im großen Himmelsbild entfaltet – Treffpunkt für Krähenfamilien. Die Blutbuche, vom Urgroßvater nah am Wohnhaus gepflanzt – 120 Jahre alt, 15m hoch – legt ihre starken Baumarme über das Hausdach und über mich. Schützend. Ich lebe unter einem Baumdach. Am Baum sitzen – im Gleichklang sein – Baumgespräche führen. Im Frühling filtern Millionen Blätter das Licht. Im Winter hat die Wintersonne Raum. Genau richtig.

Heiliger Baum. Mythos Baum. Bäume reichen mit ihren Wurzeln in die untere Welt und mit ihren in die obere Welt reichenden Äste verbinden sie die Kräfte des Himmels und der Elemente. Der Weltenbaum. Wir verdanken den Bäumen unsere Luft zum Atmen.

Vor Jahren habe ich einen *Metasequoia*-Baum gepflanzt. Ein Zufall, der kleine Baum stand herum und ich wollte wissen, was daraus wird. Ein Urweltmammutbaum, ein Gigant. Ein inzwischen sehr markanter Akzent in der Himmelslinie. In rasender Geschwindigkeit hat er sich seinen Standort erobert, ober- und unterirdisch. Imponierend. Heute stehe ich in der Verantwortung, über meine damalige Entscheidung nachzudenken. Es gibt ein Projekt, das mir am Herzen liegt und das sich an dieser Stelle ideal verwirklichen ließe. Die Verantwortung ist meine – für das nicht genaue Überlegen beim Pflanzen – für die Entscheidung, den Mammutbaum zu fällen. Akzeptieren – Loslassen – Trauern – inneren Frieden finden.

Metasequoia glyptostroboides werden 400 Jahr alt und 50m hoch. Bevor Du einen Baum auswählst, schau Dir an, wie groß er werden kann – wie sich die Proportionen der Dinge zueinander im Laufe der Zeit ändern. Den wenigsten Bäumen steht es, in Form geschnitten zu werden.

FANG AN MIT Nimm einen besonderen, einzigartigen Moment in Deinem Leben und verbinde ihn mit dem Pflanzen eines Baumes als Symbol, als Erinnerung, aus Liebe. Jeder Haus- und Familienbaum verbindet über Jahrzehnte die Familienmitglieder mit dem Familiensitz und der Familie. Es ist ein beglückendes Gefühl, einen Baum von klein auf zu begleiten.

In der Vergangenheit halfen uns die Bäume. Ihre Blüten schmückten uns, ihre Früchte nährten uns, ihre Blätter und ihre Fasern kleideten uns und gewährten Unterschlupf. Wir suchten Zuflucht in ihren Ästen, um uns vor wilden Tieren zu schützen. Ihr Holz wärmte uns, wir machten Stöcke daraus, die uns im Alter stützten und mit denen wir uns verteidigten. Wir waren sehr mit den Bäumen verbunden. Heute, wo wir von komplizierten Maschinen und Computern in unseren modernen Büros umgeben sind, ist es leicht, unsere Verbindung zur Natur zu vergessen.

Der 14. Dalai-Lama

→ Dächer S. 99
→ Wurzeln S. 55

Stauden-Liebe

Lebenslang Stauden. Meine Liebe. Mein Urgroßvater lernte Stauden während seiner Ausbildungszeit 1886 in England kennen und schätzen. Gartenbaubetriebe produzierten in dieser Zeit Sämereien für Gemüse, Topfpflanzen, Schnittblumen und exotische einjährige Pflanzen für herrschaftliche und bürgerliche Gärten. Im Garten wurden die Einjährigen zu dekorativen, ornamentalen, bunten Teppichbeeten kombiniert. Die modischen Blumenteppiche wurden mehrmals im Jahr vor dem Haus »ausgerollt«. Man ließ gärtnern.

In den englischen botanischen Gärten erlebte Georg Arends, wie mit winterfesten Stauden und Alpinen natürliche, malerische, langlebige Gartenbilder geschaffen wurden. Das gefiel ihm. Endlich eine unerschöpfliche Auswahl an Pflanzen, die es ermöglicht, bestimmte Gartenpartien – unter Bäumen, vor Gehölzen, am Wasserrand, in steinigen Lagen – dauerhaft, individuell und vielfältig zu beleben.

Als mein Urgroßvater sein Unternehmen 1888 gründete, nannte er es »Kunst- und Handelsgärtnerei«. Zu Beginn kultivierte er in Gewächshäusern Geranien, Fuchsien, Topfpflanzen und Orchideen. 1893 brachte er die erste Staudenliste heraus: »Winterharte Stauden und Florblumen«. Georg Arends sah die unendlichen Möglichkeiten, die Naturformen der Stauden züchterisch zu verbessern. Es wurde sein Leben. Ein Pionier, ein Visionär!

Es ist spannend zu lesen, wie er sich auf abenteuerliche Art und Weise Pflanzen aus aller Welt beschafft hat und allmählich seine eigene Pflanzenkollektion »Arendsii« kreierte. Er besuchte die Gartenbauausstellungen der R. H. S. in London, pflegte Kontakte zu Sammlern, Züchtern und botanischen Gärten in aller Welt. Er vermehrte die seltenen neuen Gewächse aus fernen Welten, um sie in Deutschland bekannt zu machen. In seinen Schauanlagen zeigte er die Schönheit und Vielfalt der Stauden. *»… die Staudenliebhaberei hat in den allerletzten Jahren einen sehr erfreulichen Aufschwung genommen.«* (Graf Silva von Tarouca, 1910). Mein großes Glück.

FANG AN MIT Besuche eine Staudengärtnerei und lasse dich verführen. *»Schließlich – und das ist außerordentlich wichtig, wenn es auch sehr oberflächlich klingt – muss man ein paar Cocktails trinken, bevor man die Gärtnerei aufsucht, weil ein leichter Rausch den Blick klar macht und den Geist befreit. Trinkt man vorher ein oder zwei vorzüglich herbe, gut gekühlte Martinis, wird der Besuch viel zufriedenstellender ausfallen, nicht nur für einen selbst, sondern auch für den Gärtnereibesitzer.«* (Beverly Nichols, 1933)

Stauden
Mehrjährige Pflanzen, die unterirdische Überwinterungsknospen bilden, aus denen sie im Frühling wieder austreiben.

♃

Das Jupiterzeichen ist in der Botanik das Symbol für Stauden.
***Perennials* = engl. Stauden**
perennierend = von lat.
***perenne* = dauernd, nie versiegend, beständig**

- → Gräser S. 67
- → Blumenzwiebel S. 69
- → Strukturen S. 95
- → Klima S. 97
- → Staudenrabatte S. 109
- → Farbe S. 115
- → Gelb S. 119
- → Blau S. 121
- → Rosa und Rot S. 123
- → Weiß S. 125
- → Grün S. 127
- → Höhe S. 199
- → Kombinationen S. 113
- → Helleborus S. 207
- → Bergenie S. 209
- → Astilbe S. 211
- → Sterndolde S. 213
- → Allium S. 217
- → Silberkerze S. 219
- → Sprache der Blumen S. 223

Gräser – zart und federleicht

Elegant, beweglich, grafisch, leicht, fein, weich, duftig, verspielt, zart, linear, aufrecht, filigran, transparent, malerisch. Gräser begegnen uns in der ganzen Welt auf Schritt und Tritt: Wiese, Wald, Wüste, Wasser. Gras ist die natürliche »Kopfbedeckung« von Mutter Erde. Antennen zwischen Erde und Himmel. Mit filigranen Strukturen fangen sie jeden Windhauch, jeden Wassertropfen ein. Wenn die Antenne beim Empfang rauscht und raschelt, lausche ich dem Pianissimo und dem Fortissimo, tauche ein in den endlosen Klang. Träumen und Grillengezirpe. Gräser in Bewegung bewegen mich.

Molinia 'Windspiel' begleitet meinen Blick aus dem Küchenfenster. Das ganze Jahr. Auf einer großen Fläche habe ich die Pfeifengräser in einem Raster von 150 × 150 cm gesetzt. Im zeitigen Frühling tauchen die saftig grünen Rasterpunkte aus einem blauen See von *Geranium* 'Orion' auf. Darin Hunderte *Camassia leichtlinii,* die mit ihrem grasartigen Laub so tun, als ob sie Gräser wären. Im Laufe des Sommers kristallisieren sich dann die wirklichen Gräser heraus. Die Fläche entwickelt sich zu einem See-Garten, der immer wieder aufs Neue Blickachsen eröffnet. Während der vorbeieilende Betrachter die Fläche als Wiese wahrnimmt, sucht mein Blick die Grafik der Diagonalen, die sich optisch aus den Rasterpunkten ergeben. Im Oktober macht dann das 'Windspiel' seinem Namen alle Ehre.

Miscanthus 'Morning Light' hält sein Versprechen, mit dem Morgenlicht zu flirten. Und *Hakonechloa macra* 'Aureola' steht in Töpfen Spalier und fließt in weichen, goldenen Wellen über die Treppenstufen am Hauseingang.

FANG AN MIT Ist Dein Garten Wind und Wetter ausgesetzt, nutze die Windkraft: Friede deinen Garten mit einer *Miscanthus*-Hecke ein. Als Silberstreif am Horizont, als fließende Grenze. Komponiere Dir ein Klangzimmer als »Raum im Raum« – 2 × 2 m, mitten im Garten, nach Südwest ausgerichtet, umpflanzt von 9 *Miscanthus* 'Kleine Fontäne' – und folge der silbrigen Einladung im goldenen Oktober. Schenkt innere Ruhe. Enjoy it!
Und wenn Du ein neues Beet 2 x10 m mit 60 Stauden füllen möchtest, dann nimm davon ⅓ Gräser, also 20 Stück, und zwar am besten 12 als *Molinia*-Welle, 3 als *Miscanthus*-Solo und 5 als *Sporobolus*-Sprudel. Pflanze die Gräser so, dass die Abendsonne hineinscheint.

Gras-Fontänen
Miscanthus (Chinaschilf), *Sorghastrum nutans* (Indianergras), *Molinia arundinacea* (Pfeifengras), *Calamagrostis* (Reitgras).

Gras-Sprudel
Pennisetum (Lampenputzergras), *Eragrostis* (Liebesgras), *Andropogon* (Strandhafer), *Sporobolus* (Tautropfengras).

Gras-Wogen
Imperata (Blutgras), *Stipa tenuissima* (Engelshaar), *Anemanthele* (Fasanenschwanzgras, Neuseeland-Windgras), *Molinia caerulea* (Pfeifengras), *Panicum* (Rutenhirse), *Festuca* (Schwingel), *Achnatherum* (Silberährengras, Diamantgras).

Schatten-Gräser
Millium effusum 'Aureum' (Gold-Flattergras), *Hakonechloa macra* und *H. macra* 'Aureola' (Japanisches Waldgras), *Carex* (Segge), *Luzula* (Waldmarbel), *Deschampsia* (Waldschmiele). *Miscanthus* 'Morning Light' ist bezaubernd im lichten Schatten.

→ Herbst S. 147
→ Klänge S. 189

Blumenzwiebel-Theater

In der Nähe der nordindischen Stadt Jaipur liegt Fort Amber, der Sommerpalast eines Maharadja. Von dort fällt der Blick auf einen weiter unterhalb liegenden großen Garten. Als Blumenornament zeichnen sich Konturen aus Stein weithin sichtbar ab. Gefüllt sind die Flächen mit *Crocus sativus* – Safran. Das Krokusblütenmeer wird im Frühling ein Schauspiel sein! In der folgenden langmonatigen Ruhephase übernimmt das Ornament die schmückende Wirkung. Theater auf zwei Ebenen.

Die Welt der Blumenzwiebeln ist faszinierend. Die kurze Vegetationszeit, in der sie mit leuchtenden Kostümen auf sich aufmerksam machen. Nach dem Auftritt und unserem Applaus ziehen sie sich erschöpft in die unterirdischen Gemächer zurück. Sammeln Kraft für die nächste Spielsaison. Zum Frühling gehört die Fülle aus einem Meer von Schneeglöckchen, Hasenglöckchen und Narzissenwiesen. Viele Blumenzwiebeln sind in Gebirgen Süd- und Osteuropas zu Hause. Sie überdauern sommerliche Trockenphasen in ihren Zwiebeln, bilden Tochterzwiebeln. Es ist interessant in die Welt der botanischen Zwiebeln einzutauchen – am besten gleich mit einem ganzen Gewächshaus voller Tontöpfe, mit feinem Kies abgedeckt, in denen all' die farbigen Geheimnisse schlummern und vor Winter- wie Sommernässe geschützt sind.

Harold Nicolson hatte in Sissinghurst eigens einen Garten für Blumenzwiebeln: *Unter den Linden*. Vor dem Austrieb der Linden gab es ein genau geplantes Zwiebeltheater – nach der Vorstellung übernahmen große griechische Terracotta-Vasen, gefüllt mit Sommerflor die Sommervorstellung … bis zu den ersten Herbstzeitlosen.

In jedem Herbst treibt die Sehnsucht nach Frühling viele Zwiebeln in die Erde. *»Mir tun die Leute wirklich leid, die nie erlebt haben, wie verjüngend das Blumenzwiebelstecken im Oktober ist.«* (Harold Nicolson, 1931). Es ist ein Vergnügen, sich kleine *Primavera*-Bühnenstücke in Blumentöpfen auszudenken. Die holländische Blumenzwiebelexpertin Jacqueline van der Kloet gab mir die Idee der »Lasagne-Töpfe«. Die Töpfe werden in zwei Lagen mit Zwiebeln gefüllt. Die untere Lage sind die Zwiebeln, die zuerst blühen – die obere Lage die später blühenden. Die so gefüllten Töpfe können wir am besten unter natürlichen Bedingungen – Schnee und Regen ausgesetzt – in den Garten stellen. Im Frühling setzen wir sie nach Bedarf in Szene, um an Ostern zu jubilieren.

FANG AN MIT: Jacquelines Rezepte für Töpfe mit 24 cm Durchmesser und 20 cm Höhe: 1. Für die untere Lage 7 *Narcissus* 'Jack Snipe', oben 15 *Scilla siberica*. 2. Für die untere Lage 10 *Tulipa turkestanica*, oben 15 *Chionodoxa forbesii*. 3. Für die untere Lage 10 *Muscari azureum* 'Album', oben Lage 15 *Anemone blanda* 'White Splendour'.

Pflanztiefe

Eine Faustregel sagt, dass Blumenzwiebeln doppelt so tief wie sie dick sind gepflanzt werden.

Krafterhaltung

Damit die Blumenzwiebel Energie sammeln für das kommende Jahr kann, müssen die Blätter so lange wie möglich Photosynthese betreiben können. Man entfernt sie also möglichst erst, wenn sie weitgehend welk sind. Wenn Blumenzwiebeln gedüngt werden, dann während ihrer Vegetationszeit, damit die Nährstoffe entsprechend verwertet werden können.

→ Farbe S. 115
→ Frühling S. 143
→ Muster S. 157

Pflanzen sammeln – eine Leidenschaft

Es hat mich gefreut, als ich in unserem Foto-Archiv das Bild eines alpinen Gewächshauses fand. Die Aufnahme ist aus dem Jahr 1912 und wurde in der Staudengärtnerei G. Reuthe in Südengland aufgenommen. Es zeigt eine *Saxifraga*-Sammlung. Aufbewahrt in wunderbaren Tontöpfen, fein säuberlich etikettiert und liebevoll arrangiert. Alpine Kostbarkeiten, auf kleiner Fläche zusammengefügt. Abenteuerliche Wege, die sie hinter sich haben, um, fern ihrer heimischen Bergwelt dort in Kent zu sein! Mit welcher Freude und Neugier wurde jede einzelne Pflanze damals begrüßt und bewundert!

Von solch einer alpinen Pflanzenbibliothek träume ich! Mit Sammelleidenschaft beginnen viele Gartengeschichten. Eine wunderbare Gelegenheit, mit Pflanzen vertraut zu werden, Erfahrungen zu sammeln, Menschen kennenzulernen, sich weiterzubilden und zu reisen. In einem alten Gewächshaus beschützen wir seit Jahrzehnten eine *Cyclamen*-Sammlung. In der Gärtnerei kultivieren wir ein systematisches Pflanzenarchiv für Astilben und alle *Astilbe*-Arendsii-Staudenzüchtungen.

Durch die Felspartie zieht sich ein Farn-Weg. Ausgangspunkt sind die heimischen Farne aus dem Bergischen Land. Von dort aus geht die Expedition in die *Farn-Bibliothek*. Das Lesen der Etiketten führt uns nach Japan, in den Himalaya und gen China. Einladungen, den geheimnisvollen, faszinierenden Kosmos der Farne zu entdecken. Es sind aufregende Ereignisse, wenn sich im April die Wedel entrollen.

Wir können unter vielen Aspekten Pflanzen sammeln. Nach Herkunft, Gattung, Epoche. Pflanzen aus Goethes Zeiten – Pflanzen aus Japan – oder nur *Trillium* aus einer Region. Pflanzen sammeln ist ein Vergnügen – alte Gartenbücher ebenso. Das Suchen macht Freude, das Beschaffen ist abenteuerlustig und das Bewahren eine Herausforderung. Es ist uns heute ein Leichtes, in andere Regionen zu reisen. Es berührt uns nicht mehr besonders, Kokos-Palmen zu sehen – sie sind Teil unseres Alltags geworden. *Musa, Trillium* oder *Lachenalia,* die uns im eigenen Garten anlächeln, haben ihre Kraft behalten, unsere Fantasie zu beflügeln.

FANG AN MIT Lege Dir in Deinem Garten ein botanisches Kabinett an – eine lebende Enzyklopädie für die Pflanzen, die Dich interessieren. Das können z. B. Heilpflanzen, Gemüsepflanzen, Stauden, Gehölze, Alpine sein. Nimm einen einfachen Grundriss – am besten schmale lange Beete, wie ein Buchregal. Finde Deine eigene systematische Ordnung. Etikettiere die Pflanzen. Scientia amabilis.

Botanische Gärten
Padua 1545[1)]
Pisa 1547
Leyden 1577
Leipzig 1580
Paris 1626
Oxford 1632
Uppsala 1655
Chelsea Physic Park 1673

[1)] *Jahr der Entstehung*

Ein mittelalterlicher Gedankengang war, dass der Wert eines botanischen Gartens darin liege, dass er zum Erkennen Gottes führe. Da jede Pflanze Gottes Schöpfung sei und Gott in jedem Ding, das er geschaffen habe, ein wenig von sich selbst offenbare, würde eine vollständige Sammlung aller Dinge, die Gott geschaffen hat, Gott zur Gänze offenbar werden lassen.

John Prest, 1981

Scientia amabilis
Ich finde diesen Namen liebenswerte Wissenschaft schön, weil er deutlich macht, dass die Botanik nicht nur den Verstand, sondern auch das Gemüt anspricht. Vielleicht sollten wir diesen Namen viel häufiger gebrauchen.

Loki Schmidt, 1997

→ Gärtnern S. 25
→ Pflanzen-Namen S. 51
→ Gewächshaus S. 167
→ Ferien S. 197

Sissinghurst

A tired swimmer in the waves of time
I throw my hands up: let the surface close;
Sink down through centuries to another clime,
And buried find the castle and the rose.

Buried in time and sleep,
So drowsy, overgrown,
That here the moss is green upon the stone,
And lichen stains the keep.

I've sunk into an image, water-drowned,
Where stirs no wind and penetrates no sound,
Illusive, fragile to a touch, remote,
Foundered within the well of years as deep
As in the waters of a stagnant moat.

Vita Sackville-West, 1931

Eingang als Anfang

Es ist jeden Tag interessant, die Möglichkeiten zu erleben, wie wir empfangen werden, wie wir empfangen – wie weit sich Eingänge öffnen. Haupteingang. Nebeneingang. Ein Eingang ist ein Wechselpunkt. Ein Übergang, um sich von einer Situation in eine andere zu begeben: außen – innen, öffentlich – privat. Der Eingang ist ein individueller, unausgesprochener Willkommensgruß – eine Einladung.

Der Eingangsraum ist der Anfangspunkt einer Geschichte. Wenn der Eingang richtig liegt, kann sich die Einteilung des Hauses und des Gartens ganz natürlich entfalten.

Eingangsräume sind wichtig. Es gefällt mir, vor Häusern anzukommen, die mir beim Warten auf das Öffnen der Tür eine Veranda als Schutz vor Regen, Wind und Kälte anbieten. Wenn sich dann die Türe in das Innere des Hauses oder Gartens öffnet – mit einem Eingangsraum begrüßt zu werden. Um die Garderobe abzulegen, Dinge abzustellen. Einem Raum, um anzukommen. Um Orientierung zu finden. Der Moment, sich zu sammeln. Ein Empfangspunkt. Mit Blumen. Herzlich willkommen.

Da ich an dem Ort arbeite, an dem ich auch lebe, habe ich nach einem Moment des Wechsels gesucht, nach einem anderen Eingang, um »nach Hause zu kommen«. Das Gefühl, eine Türe hinter mir zu schließen. Die Sehnsucht fand Ausdruck im Kauf verschiedener Gartentörchen. Jahrelang standen sie im Gewächshaus.

Dann wurde am Wohnhaus ein neuer Weg in die Felspartie gebaut. Endlich die Möglichkeit, eines der Törchen einzusetzen! Wenn ich abends das Tor der Gärtnerei schließe, führt der Nachhauseweg über Steinstufen, gesäumt von meinen Lieblings-Lenzrosen, zum Törchen. Ich liebe den Moment, den Riegel des englischen *dogs-gate* zu öffnen und hinter mir zu schließen. Mein Feierabendtörchen. Auf dem Torpfosten finde ich die eine oder andere Nachricht. Der Weg führt durch die Felspartie am »Ahnenbaum« vorbei zum Haus. Nach Hause kommen.

Fools hurry,
the clever wait,
the wise enter through the garden gate.

Narren hasten,
Kluge warten,
Weise gehen in den Garten.

Rabindranath Tagore
(1861–1941)

FANG AN MIT Wenn ich den Zugang zu einem Gartenbereich zeitweise schließen will, stecke ich einfach zwei gekreuzte Bambusstäbe in die Erde. Das Signal wirkt.

→ Gartenräume S. 81
→ Öffnungen S. 89

BRIEFKASTEN

Garten vor dem Haus

Der Gartenraum zwischen Straße und Haus hat viele Aufgaben. Er ist der reizvolle Übergang zwischen Intimität und Öffentlichkeit. Er ist ein halböffentlicher Bereich, der ursprünglich dazu beiträgt, die Gemeinschaft einer Nachbarschaft zu pflegen. Er ist eine Einladung. Der Garten vor dem Haus ist eine Gelegenheit, mit den Nachbarn und Vorbeigehenden zu kommunizieren. Das überdachte Klönbänkchen vor der Tür signalisiert Lust auf »Besuch zu haben«, aber man muss den Gast dafür nicht gleich ins Haus bitten. Ein Spiel von Nähe und Distanz.

Wenn ich im Garten vor dem Haus bin, fühle ich mich nicht gestört, wenn ich angesprochen werde. Ein idealer Moment, sich zu verabreden, jemanden *mal eben* zum Tee einzuladen. Im gelebten Sinne ist der Garten vor dem Haus die Idee, das eigene Café Flora zu kultivieren. Es ist wunderbar, dort zu sitzen und einfach auf die Straße zu schauen, das Leben der anderen zu beobachten, zu lesen, auf jemanden zu warten, mit Kindern zu spielen. Die Veranda vor dem Haus ist Platz zum Sitzen, um Einkäufe abzustellen, Mantel und Regenschirm trocknen zu lassen.

In England ist der Garten vor dem Haus bisweilen größer als der Gartenbereich dahinter. Sobald man im Garten vor dem Haus gärtnert, ist dies das Zeichen für Gesprächsbereitschaft – und das Gärtnern bietet vielerlei gemeinsame Themen über den Gartenzaun hinweg!

Es ist herrlich, wenn der Garten vor dem Haus ein vollkommenes Eintauchen mit allen Sinnen in die Natur ermöglicht. Um auf dem Weg in die Öffentlichkeit den Tag zu begrüßen und auf dem Weg in die Intimität daheim die Öffentlichkeit hinter sich zu lassen. Ein Lavendelfeld, ein Gräsergarten, ein mediterraner Kiesgarten mit geschwungenen Wegen, die blumige Fülle des Bauerngartens oder, warum nicht, durch ein Gewächshaus zum Haus gehen – von Orchideen und duftendem Winterjasmin begrüßt zu werden, ist sicher bezaubernd.

FANG AN MIT Einem Klönbänkchen. Baue eine spezielle Bank vor der Eingangstüre, auf der man gemütlich sitzen kann. Platziere die Bank so, dass sie eine halbprivate Atmosphäre vor dem Haus schafft. Eine niedrige Mauer, eine Hecke, Blumenbeete oder auch ein Hausbaum können dazu beitragen, diesen Ort zu definieren. Verführe die Vorübergehenden mit duftenden Pflanzen!

→ Zwischen drinnen und draußen S. 103
→ Lieblingsplatz S. 101

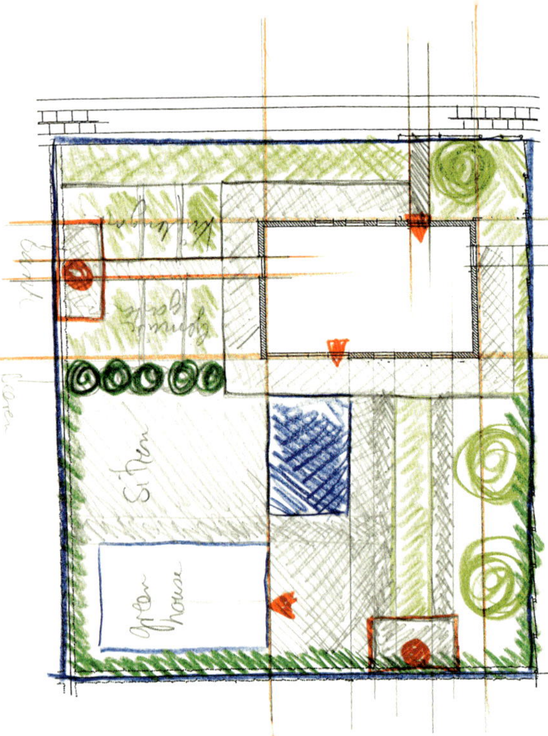
Sitzen
green house

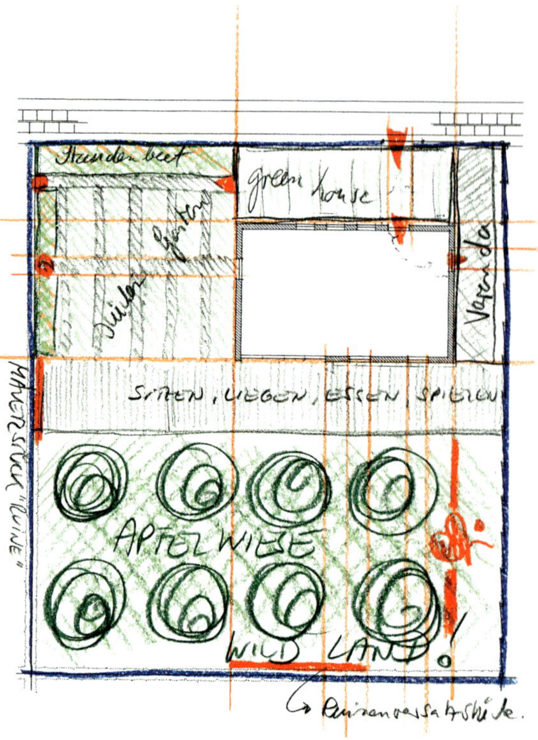
Staudenbeet
green house
Veranda
SITZEN, LIEGEN, ESSEN, SPIELEN
APFELWIESE
WILD LAND!

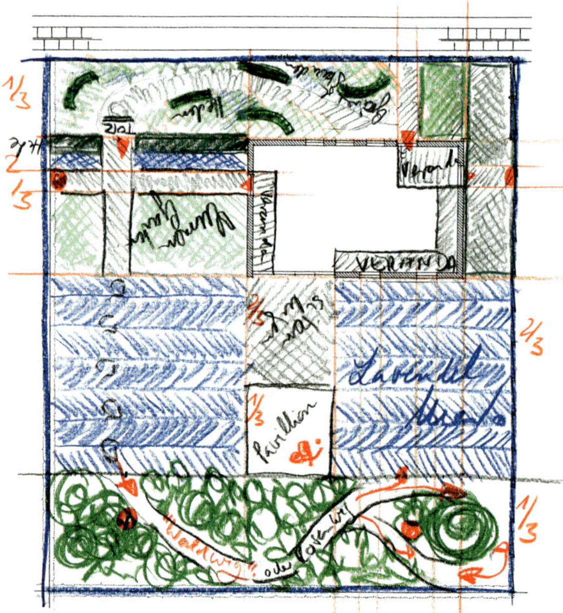
1/3
2/3
1/3
TOR
VERANDA
2/3
Lavendel
1/3
Pavillon
1/3

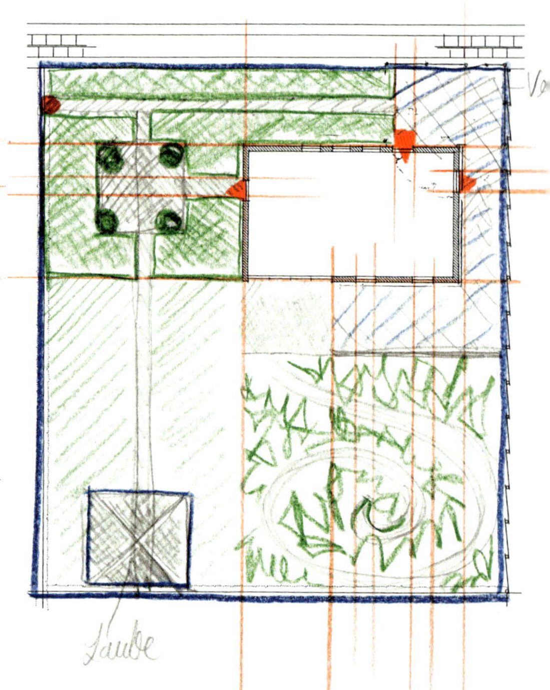
Laube

Gartenzimmer – Wohnräume im Freien

Zimmer im Freien. Der Hausgarten im Sinne der Gärten der Antike war tatsächlich ein Teil des Hauses. Wir finden dort herrliche Beispiele von Atriumgärten – grüne Oasen in der Stadt. Es waren Räume mit einer wohnlichen und privaten Atmosphäre. Der Garten war im Haus enthalten. Er war ein Wohnraum im Freien – die Decke war der Himmel. Ein Zimmer im Freien schafft den idealen Rahmen, um zusammen zu essen, sich zu unterhalten oder die Stille zu genießen.

Heute sprechen wir von Gartenräumen. Zum einen ist der Garten ein Freiraum, um im Gras zu liegen, zu spielen und zu gärtnern, zum anderen suchen wir nach Möglichkeiten für unsere Aktivitäten. Eine Möglichkeit, ein Konzept für den Garten zu finden, ist die, in Gartenzimmern zu denken. Innen wie außen. Der Garten, egal welchen räumlichen Ausmaßes, ist wie das Haus oder die Wohnung ein Ort für unsere Aktivitäten. Küche, Bibliothek, Arbeitszimmer, Salon, Schlafraum, Kinderzimmer, Gästezimmer, Flur, Eingang, Badesalon, Toiletten. Genauso lässt sich das auf den Garten übertragen. Auch dort wollen wir ankommen, Essen zubereiten, gemeinsam essen, ruhen, Pflanzen studieren, arbeiten, Kompost zubereiten, entspannen, baden, mit den Kindern spielen, Gäste empfangen oder allein sein.

Wenn wir uns den Garten als Wohnungsgrundriss vorstellen, wird es leicht, darin Räume zu erkennen und zu definieren. Im nächsten Schritt richten wir die Räume nach unseren persönlichen Vorlieben ein – herrlich. Wir entscheiden uns für Oberflächen. Für jeden Raum einen anderen Bodenbelag – oder ein durchgehendes Material. Antiquitäten, moderne Möbel, formaler Knotengarten oder Landhausküche mit der überschwänglichen Fülle eines Staudengartens – wie es uns gefällt. Befreiend die Aussicht, ein Zimmer renovieren zu können, ohne gleich den ganzen Garten umgraben zu müssen.

Räume finden. Wenn wir unseren Hausgrundriss nehmen, Hausfluchten verlängern, ergeben sich Räume. Wir ziehen Linien aus Öffnungen und Fenstern hinaus in den Garten und finden dort verschiedene Räume. Je mehr Ecken und Kanten, desto mehr Anhaltspunkte für die Planung. Wir nehmen uns einzelne Linien heraus, die als Einfriedungen für die Gartenzimmer dienen. Auf den Garten übertragen, können die Räume begrenzt sein mit Hecken, Mauern, Zäunen, Wegen oder mit Wasser. Vielleicht ist der Garten aber auch einfach ein einziges Zimmer im Grünen.

Mein Garten – ein Ort der Rast und Zurückgezogenheit und stillen Beobachtung; er ist mein Studierzimmer – mein Wohnraum im Freien.

Gertrude Jekyll, 1907

Wir können uns selbst dazu einladen, den Garten als Raum zu nutzen, indem wir ihn mit Orten für Aktivität füllen: einer Außenküche, einem Büro, einer Werkstatt, einem Hühnerstall, einem Gewächshaus oder einem Raum zum Schlafen oder Träumen.

Modell Sissinghurst

In Sissinghurst, dem Garten von Vita Sackville-West und Harold Nicolson, können wir beim bewussten Durchschreiten des Gartens erleben, was damit gemeint ist. Sissinghurst ist eine fragmentarisch erhaltene Schlossanlage. Auf den historischen Fundamenten von »Sissinghurst Castle« fand das Leben nicht unter einem Dach statt, sondern der Alltag war in größeren und kleineren Häusern über das Grundstück verteilt. »The South Cottage« und »Tower« dienten als Arbeitszimmer im Garten, »The Priest's House« zum Schlafen, »The Big Room« als Bibliothek und Essraum.

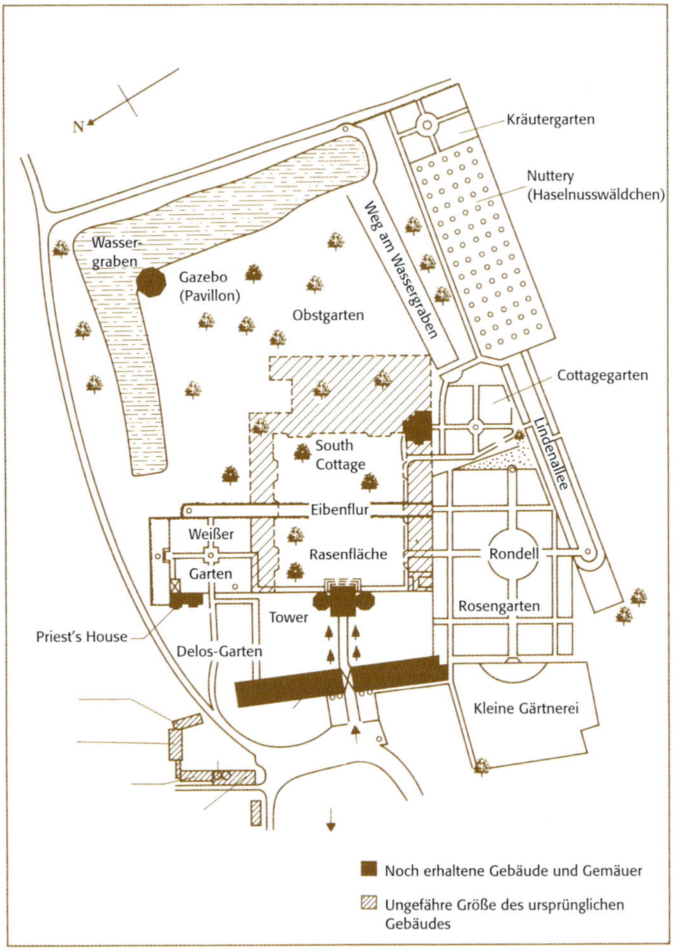

Im Alltag bedeutete dies, dass alle Wege durch den Garten führten. Man war Wind und Wetter ausgesetzt. Die Wege verbinden die Häuser und führen durch den Garten – ein kontinuierlicher Wechsel von Drinnen und Draußen, durch Gartensäle und Heckenkorridore. Haus und Garten bilden eine Einheit, da sich die Grenzen von Drinnen und Draußen auflösen. Haus und Garten sind über Blickachsen im Dialog – Ausdruck der gemeinsamen Vision von Vita Sackville-West und ihrem Mann Harold Nicolson. *»Wir waren völlig einer Meinung, was den Gesamtentwurf des Gartens anging: lange Achsengänge von Nord nach Süd und von Ost nach West, in der Regel mit Statuen, Torbögen oder einem Paar von Pappelposten als Endpunkt, verbunden mit der intimen Überraschung kleiner geometrischer Gärten, die davon abgehen, fast wie die Zimmer eines riesigen Hauses von den Hauptkorridoren.«* So beschreibt Vita Sackville-West das Konzept für Sissinghurst.

Ereignisreich wird der Spaziergang durch den Garten, wenn wir auf Blickachsen und den Wechsel der Raumgrößen achten. Große, weite Räume – kleine, schmale Räume. Interessant ist der grüne, runde Raum im Rosengarten. Hohe Eibenhecken als Kontur – in der Mitte grüner Rasen. Ein gepflasterter Weg, der an der Hecke entlang die Rundung aufnimmt. Man gelangt mit allen Sinnen erfüllt aus dem Rosengarten in diesen grünen Salon. Umschreitet die grüne Mitte, Zeit für das Auge, sich zu beruhigen, und das Hineintreten in den nächsten Gartenraum erfrischt aufzunehmen – clever.

Genial ist der lange Eibenkorridor, der als Ost-West-Achse das *Priest's House* mit der *South Cottage* verbindet. Aus der Fülle der Gärten, aus der Fülle der Häuser gelangt man in diesen schmalen, dunklen Korridor. Überraschend der Wechsel aus dem dunklen Eibengrün in den strahlend-hellen Weißen Garten oder aber in die warmen Farbtöne des Cottagegartens.

Das Spiel mit der Größe der Räume, der ruhige Kontrast zu der bewegenden Vielfalt des Gartens, die Konzentration auf das Gehen, das bewusste *Etwas-hinter-sich-Lassen* und das bewusste *Sich-auf-etwas-Neues-Einstellen.* Eine Pause im Garten. Ein nützlicher Moment, wenn wir an dem Ort arbeiten, an dem wir auch leben. Der Gang durch den Heckenkorridor schafft den Wechsel, den Moment der Ruhe, der Meditation. In meinem *Garten der langen Vorfreude* habe ich die Idee des Heckenkorridors zitiert. Acht Schritte Zeit. Das Konzept, den Garten in Zimmer aufzuteilen, schenkt Raum und Freiheit!

FANG AN MIT Nimm Deinen Wohnungsgrundriss, lege Butterbrotpapier darüber und pause die Räume durch. Denk Dir, dies sei Dein Garten. Küche – Küchengarten, Esszimmer – Sitzplatz, Kinderzimmer – Kindergarten, Bibliothek – Pflanzensammlung, Schlafraum – Laube, Büro – Gewächshaus, Toilette – Kompost, Flur – Laubengang, Badesalon – Außendusche. Die Türen sind Durchgänge, Mauern sind Mauern oder Hecken, und das Sofa ist die Gartenbank. Lass Dich von den Möglichkeiten, die in Deinem Garten stecken, überraschen!

➜ Anfang S. 23
➜ Wege S. 85
➜ Grenzen S. 87
➜ Öffnungen S. 89
➜ Blickpunkte S. 93
➜ Klima S. 97
➜ Dächer S. 99
➜ Lieblingsplatz S. 101

Wege in den Garten

Eine riesig große Spirale – aus der rosa Spraydose – markiert einen Treffpunkt auf dem Fahrweg in der Gärtnerei. Die Spirale hat eine magische Anziehungskraft. Interessant ist es zu sehen, dass Kinder diesen Punkt anders nutzen als Erwachsene. Sie gehen konzentriert die Spirale entlang in die Mitte. Langsam oder schnell, ohne Abkürzung, findet jedes Kind seinen Weg hinein und wieder hinaus. Herrlich.

Wege verbinden. Wege in den Garten bestimmen den »Handlungsablauf«, erzählen eine Geschichte: Anfang – Mitte – Schluss. Auf welchem Weg – wie schnell, woran vorbei – wir unser Ziel erreichen. Ist der Weg ausgeschmückt, mit eingeplanten Umwegen, Hindernissen, Botschaften, Sackgassen, Verzweigungen, führt er in die Irre, drumherum, ins Nichts, ins Ungewisse – oder aber an den Anfang? Grundsätzlich suchen wir den direkten Weg zum Ziel – den direkten Weg zum Kompostplatz, ohne malerische Kurven.

Mit der Ausführung des Weges – Breite, Material, Oberfläche – können wir auf unsere Bewegung Einfluss nehmen. Wie wollen wir, dass der Weg zu gehen ist? Wollen wir zu zweit nebeneinander gehen? Sind Umwege gewollt? Soll der Pfad entschleunigen? Will ich über Serpentinen gehen, um Zeit zum Ankommen zu haben? Soll der Weg wetterfest sein? Will ich auf verschlungenen Pfaden in der Natur lustwandeln? Will ich am Wegrand verweilen? Laden mich kunstvolle, unregelmäßig gesetzte Schrittsteine zu sorgfältig überlegten Schritten ein?

In einem Bungalow in New York führt der Weg von den Wohnbereichen zum Schlafbereich durch ein »Gartenzimmer«: Eine rechteckige Wasserfläche mit Trittsteinen, die unter freiem Himmel zur anderen Seite in die Ruhe führen. Mit achtsamen Schritten.

FANG AN MIT Finde Deinen eigenen Weg. Nutze den Schnee, wenn vorgegebene Wege unsichtbar sind. Was ist jetzt Dein Weg? Eine natürliche Wegeführung entsteht, wenn Du Deinen Spuren folgst. Subtil werden wir auf dem Weg zum Ziel von kleinen Nebenzielen angezogen – es entsteht ein sanft geschwungener Wegeverlauf.

Berge soll man mit möglichst wenig Anstrengung und ohne Ehrgeiz ersteigen. Unsere eigene Natur sollte das Tempo bestimmen. Wenn man unruhig wird, geht man schneller. Wenn man zu keuchen anfängt, geht man langsamer. ... Dann, wenn man nicht mehr in Gedanken vorauseilt, ist jeder Schritt nicht mehr bloß Mittel zum Zweck, sondern ein einmaliges Ereignis.

Robert M. Pirsig, 1974

Weg-Ideen

Gestalte abendlich »beleuchte« Wege, indem Du Töpfe an den Wegrändern aufstellst, bepflanzt mit *Cimicifuga ramosa*, *Francoa sonchifolia* 'Alba' und *Gaura* 'Whirling Butterflies'.

Möchtest Du hören, wenn jemand des Weges naht, dann baue einen knirschenden Kiesweg.

Cat walk

Fasse einen sonnigen Weg links und rechts mit Katzenminzen ein.

→ Muster S. 157

Grenzen setzen und einfrieden

Natürliche Grenzen – Grenzen setzen – Grenzen überschreiten. Ein wichtiges Thema. Unser Wohlbefinden an einem Ort, die Aufenthaltsqualität und Atmosphäre hängen entscheidend von den ihn umgebenden »Mauern« ab. Jeder Mensch empfindet das anders – braucht mehr oder weniger Raum, mehr oder weniger enge Grenzen. Der eine liebt es, im Alkoven zu schlafen, ein anderer mag ein Himmelbett und ein Dritter den Futon in einem leeren weiten Raum mit Aussicht. Der eine liebt eine Wohnung mit kleinen Zimmern und kleinen Fenstern, ein anderer braucht hohe, große Salons mit großen Fensterflächen.

Wenn wir unsere Gartenräume wirklich nutzen möchten, macht es Freude, sich auch die entsprechenden »Wände« dafür auszudenken. Ein Sitzplatz, der auf einem Präsentierteller liegt, hat weniger Anziehungskraft als einer in einem lauschigen Winkel. Während wir im Haus nur das Thema Mauern variieren können, so bieten sich im Garten dazu noch ganz andere Möglichkeiten: Hecken, Spaliere, Gebüsche, Waldränder, Paravents, Zäune – all diese Elemente können »Mauern« darstellen. Und sie können auch variieren: geschnitten, frei wachsend, gemauert, verputzt, aus Natur- oder Ziegelstein, farbig, überwachsen oder frei für Schattenspiele. Hinzu kommen natürliche Grenzen, die sich durch Licht und Schatten, natürliche Wasserläufe und Hangkanten bilden.

Entscheidend für das Wohlbefinden ist die Höhe der Grenze. Ab wann fühle ich mich beengt? Ist die Grenze so hoch, dass ich nicht gesehen werde, oder möchte ich den Nachbarn grüßen? Möchte ich den Blick einladen, aber den Zugang verwehren? Durch den Wechsel der Bodenbeläge kann ich den Schritt des Besuchers lenken, Grenzen setzen, indem ich das Schritttempo bewusst beeinflusse. In der Therme Vals bei Chur in der Schweiz fand ich es faszinierend, dass der Weg zur Quelle über glatte Steinplatten führt, aber der Quellraum sich zusätzlich durch einen Belagswechsel bemerkbar macht. Dort, wo die Quelle aus dem Stein entspringt, liegen unbearbeitete, unebene Steine, die den Moment des Trinkens an der Quelle mit einer neuen Achtsamkeit wahrnehmen lassen – einfach genial!

FANG AN MIT Keine Grenze kann hoch genug sein, dass Du auf der Terrasse nicht gesehen wirst. Wirkungsvoller ist es, Orte der Intimität unmittelbar an Ort und Stelle einzufrieden, um den Blick zu brechen. Von Blicken von oben kannst Du Dich wunderbar mit Sonnenschirm oder einer Markise schützen. Oder die Terrasse wandelt sich in eine lauschige Laube, mit Sitzmäuerchen eingefasst. Auf den Mauern kann ein Topfgarten Platz nehmen.

Ha-Ha oder Aha

In den englischen Landschaftsgärten des 18. Jahrhunderts wurden Ideallandschaften kreiert. Der Garten sollte nahtlos in die umgebende Landschaft übergehen. Zur Landschaft gehörten auch Tiere. Diesen musste eine Grenze zum Garten gesetzt werden, aber man wollte die Illusion der endlosen Landschaft behalten. So wurde der Zaun einfach in einen Graben versenkt – dem Ha-Ha.

→ Abend S. 139

Öffnung und Durchblick

Sich öffnen. Öffnungen laden ein. Öffnungen öffnen einen Ort. Öffnungen sind Einblicke. Öffnungen schaffen Ausblicke. Öffnungen sind die Choreographie.

Wenn wir verschiedene Räume im Garten gebildet haben, Mauern, Hecken, Zäune gesetzt sind, erschließen Öffnungen diese Gartenräume und schaffen eine Verbindung untereinander und mit der Umgebung. Wie im Haus gibt es Fenster, Türen, Brüstungen, Arkaden, die Einblicke gewähren.

Im Garten der langen Vorfreude wollte ich gerne einen Durchblick haben. In die Eibenhecke haben wir an zwei Stellen »Bullaugen« geschnitten. Das eine Bullauge ist der Blickpunkt auf die Hauptwegeachse. Es holt sich Licht von außen, gibt mir das Gefühl, nicht vor eine Wand zu laufen. Es ist wie eine Geste. Das andere Bullauge ist mit mir auf Augenhöhe, wenn ich am Teich sitze – ich kann einen Blick in die Gärtnerei werfen, leihe mir die Aussicht. Es kann mich keiner sehen, aber ich fühle mich mit dem Leben draußen verbunden.

Öffnungen schaffen Aussichten, machen neugierig, lenken den Blick und den Weg von Raum zu Raum. Öffnungen bestimmen die Atmosphäre, die Intimität und die Aufenthaltsqualität. An manchen Stellen in der Gärtnerei habe ich einzelne Elemente des Windschutzzaunes entnommen. Diese »Fenster« schaffen neue Aussichten, laden ein, »auf die andere Seite« zu gehen. *Open garden*. Sich öffnen verbindet.

Mondtor
In China ist das Mondtor eine traditionelle Gestaltungsmöglichkeit für eine Maueröffnung. Die kreisrunde Öffnung symbolisiert das bewusste Hinübertreten in eine andere Welt.

FANG AN MIT Dann mach ich mir 'nen Schlitz ins Kleid. Ein »Schlitz« in die Tür von der Garage in den Garten, vom Keller in den Garten, in den Gartenschuppen … ist belebend und bewirkt Wunder. Ein Eimer Farbe auch.

→ Eingang S. 77
→ Blickpunkte S. 93

Wiese – ein Stück Landleben

Orchideenwiese. Das ist die Kür. Ein Stück Natur nachahmen. Ein Versuch. Der Wunsch, das Thema Wiese in den Garten zu integrieren, erwächst in jedem Gärtnerleben. Die Wiese ist die natürlichste Form von Mutter Natur, den Boden zu bedecken. In allen Klimaregionen gibt es Wiesenlandschaften, die sich aus unterschiedlichen Pflanzen zusammensetzen. Der Artenreichtum richtet sich danach, wie viele Nährstoffe und wie viel Feuchtigkeit in den Böden vorhanden ist. In unseren Staudensortimenten finden wir viele heimische Wiesenstauden. Mit diesen Arten kann das Experiment Wiese beginnen.

Vor einigen Jahren besuchte ich einen Garten, der mit dem Thema wundervoll gespielt hat. Auf einer alten Obstwiese wurde ein breites Rasenwegeraster regelmäßig gemäht. Dazwischen liegen 4 × 4 m große Quadrate, in denen das Gras wachsen darf. Die Quadrate wurden mit typischen Wiesenstauden »geimpft«. Das bedeutet, dass an einigen Bereichen die Grasnarbe geöffnet und Stauden hineingepflanzt wurden.

Das fortlaufende Experiment kann beginnen. Meine Wiesenlandschaft wartet auf mich – es soll eine *Echinacea*-Wiese werden. Ein Raster von Apfelbäumen ist gesetzt. Die Zusammensetzung wird sein: ein Drittel Gräser, zwei Drittel Blütenstauden. Pro Quadratmeter rechne ich mit fünf Pflanzen, dementsprechend werde ich die Palette zusammenstellen.

An Gräsern: *Panicum virgatum, Molinia caerulea, Sorghastrum nutans, Calamagrostis* 'Karl Foerster', *Calamagrostis brachytricha, Sporobolus heterolopsis.*

An Stauden. *Echinacea purpurea, Echinacea pallida, Echinacea purpurea 'Alba', Echinacea paradoxa, Physostegia virginiana, Phox maculata, Rudbeckia triloba, Aster laevis, Baptisia australis, Solidago rigida, Solidago rugosa, Veronicastrum viginicum, Agastache rugosa, Kalimeris incisa, Salvia nemorosa, Knautia macedonica.*

An Zwiebel- und Knollenpflanzen: *Camassia leichtlinii, Allium sphaerocephalon.*

Die Entscheidung ist nun, ob ich alles nach einem Zufallsprinzip mische oder ob ich die Pflanzen in Gruppen »driften« lasse. Die Wiese wird im Winter gemäht. Alle Beteiligten werden ihre eigene Dynamik entfalten. Ich lasse mich überraschen und freue mich darauf, dabei zu sein.

Indes sind Wiesen überaus sanfte, ruhige und einnehmende Auftritte der Natur, deren Charakter in dem freyen und Ländlichen besteht; sie rufen die lieblichen Bilder der arkadischen Hirtenwelt zurück und scheinen auf eine vorzügliche Art der Empfindung der Ruhe und der stillen Ergötzung des Landlebens gewidmet zu seyn.

***Christian Hirschfeld,* 1779**

FANG AN MIT Lege eine Wiesenschleife in deinen Rasen, ein 80 cm breites Band. Entferne an einigen Stellen die vorhandene Grasnarbe, pflanze oder säe Wiesenpflanzen hinein: Akelei, Mädesüß, Sterndolde, Wiesenknopf. Lass in der Wiesenschleife alles zusammen wachsen – mähe den Rasen wie gewohnt.

→ Gräser S. 76
→ Grenzen S. 87
→ Zufall S. 175

Blickpunkte sind Brennpunkte

Blickpunkt – Brennpunkt – Kristallisationspunkt – Schwerpunkt – Zentrum – Anlaufstelle. Es ist ein Vergnügen, sich Blickachsen und Blickpunkte auszudenken, wo vorher keine waren. Choreographie zu führen.

Noch nach Jahren entdecke ich in der Gärtnerei immer wieder Blickachsen, die etwas Bestehendes zum Blickpunkt machen. Eine Öffnung im Zaun – neue Zusammenhänge – ein neues Ziel – der Blick auf der Suche nach einem neuen Anhaltspunkt – ein Moment der Ruhe. Ob große oder kleine Gartenräume, ein Blickpunkt schafft ein Zentrum. Sammelt unsere Aufmerksamkeit, erfreut uns. Augenweide. Wasserschale, Stein, Fahne, Skulptur, Steinvase, Gartenbank, Laube, Tempelchen, Sommerhäuschen, Baum. In dem Moment des Betrachtens ist uns alles um uns herum egal. Ein Brennpunkt »brennt«.

Blickpunkte ziehen uns in den Garten. Blickpunkte führen durch den Garten. Blickpunkte lenken den Schritt. Blickpunkte konzentrieren. Der Blickpunkt stellt ein Ziel in den Raum – erreichbar oder unerreichbar. Blickpunkte finden sich am Ende von Blickachsen, die durch den Garten führen. Sie setzen ein Ziel, motivieren uns, dies zu erreichen.

Am Ende einer Wegachse in meinem Garten wurde ein Blickpunkt gebraucht. Es gab nicht genug Raum für eine Bank oder eine große Vase. Der Weg dorthin läuft stumpf vor die Hecke und es lockte niemanden, diesen Weg zu gehen, um schließlich vor die Hecke zu laufen. Ich habe ein großes rundes Fenster in die Hecke geschnitten. Es ist jetzt ein Anlaufpunkt. Dieser Weg durch meinen Garten setzt sich an einer Stelle als nicht begehbare Blickachse bis zu meinem Schreibtisch fort. Damit der Blickpunkt bis zum Schreibtisch »brennt«, hängt in dem Heckenfenster eine vergoldete Sonne. Sie blinzelt mir zu – Tag und Nacht. In den Wintermonaten ziehen manche Blickpunkte um ins Winterquartier, lassen den Blick frei.

FANG AN MIT Schau von Deinem Lieblingsplatz aus in den Garten – wo bleibt Dein Blick intuitiv hängen? Wenn Du Blickachsen gefunden hast und Blickpunkte suchst, nimm einen Gartenstuhl oder einen Blumenkübel und probiere verschiedene Orte aus. Du erlangst dadurch ein sicheres Gespür für den gesuchten Punkt – hinsichtlich Größe, Volumen, Material, Farbe. Vielleicht ist das Finden von Blickachsen eine männliche Stärke. Eine Einladung zur abendlichen Gartendiskussion, bei einem Glas Wein.

Harold verfügt über einen angeborenen Sinn für Symmetrie und über ein geniales Talent, einem widerspenstigen Gelände Brennpunkte und lange Blickachsen abzutrotzen, eine Fähigkeit, die mir völlig abging.

Vita Sackville-West, 1953

Ich versuche die Perspektive des Gemüsegartens durch Verlängerung der gepflasterten Wege zu erweitern, stoße aber auf Artischocken und Vitas Entrüstung. Danach betrübt Unkraut aus dem Rasen gejätet. Wir haben eine Diskussion über die Rechte der Frauen.

Harold Nicholson, 1933

→ Anfang S. 23
→ Gartenräume S. 81
→ Lieblingsplatz S. 101
→ Ausblicke S. 179
→ Feuer S. 193

Pflanzen-Strukturen

Allein wegen ihrer grafischen Struktur liebe ich Euphorbien. Der präzise Bauplan, nach der sich die einzelnen Elemente ordentlich zu einem großen Ganzen zusammenfügen. Die radialsymmetrische Anordnung der Blätter. Einzigartig.

Immer wieder betrachte ich Pflanzen und stelle mir die Frage, warum sich die Pflanze genau für diese charakteristische Beschaffenheit und Strategie entschieden hat. Kreativität der Natur. Claude Monet hat 1914–1917 *Agapanthus* und *Hemerocallis* porträtiert. Seine Porträts zeigen die jeweils typische Struktur dieser beiden Pflanzen so vortrefflich.

Die Struktur der Pflanzen ist für uns Gärtner der entscheidende, interessante Moment. Unsere Entwürfe auf Papier werden mit den Pflanzen dreidimensional – zur lebendigen Skulptur, die sich im Jahresverlauf, in der vierten Dimension, wieder verändert.

Wenn ich Gärten und Pflanzen betrachte, dann oft aus dem künstlerischen Blickwinkel der Bildhauerei, Malerei und Fotografie heraus. Welche Pflanze bringt dort in der gesamten Komposition eine Vertikale, dort eine Horizontale und hier vielleicht eine Rundung? Vielleicht sind die Yuccas an der Mauerecke am Haus gute Wachposten. Wehren mit ihren aufrechten, scharf gezähnten Blättern die bösen Geister ab.

Wenn ich mir Pflanzenporträts in unserem Archiv anschaue, dann treten die Strukturen der Pflanzen insbesondere durch die Schwarz-Weiß-Aufnahmen deutlich in den Vordergrund. Seitdem betrachte ich Pflanzen mit der »Schwarz-Weiß-Brille«. Das ist vergnüglich, inspirierend und befreiend! Mir fällt auf, dass Gertrude Jekyll ihre Bücher mit ihren eigenen Schwarz-Weiß-Fotografien illustriert hat, obwohl es damals bereits die Möglichkeit der Farbfotografie gab. In ihren Büchern kann ich ihren Gedanken in Schwarz-weiß viel klarer folgen. Schwarz-Weiß lädt ein zum Hinschauen und zeigt im Kontrast, ob Strukturen gut miteinander kombiniert sind.

Denn den Boden bepflanzen heißt, eine Landschaft mit lebenden Dingen zu malen; und da ich der Ansicht bin, dass gutes Gärtnern seinen Platz im Reich der schönen Künste hat, so halte ich auch dafür, dass es zum guten Pflanzen eines Künstlers von nicht geringen Fähigkeiten bedarf. Und seine Schwierigkeiten sind nicht klein; denn sein lebendes Bild muss von allen Seiten und unter allen Beleuchtungen richtig sein.

Gertrude Jekyll, 1907

FANG AN MIT Ist Dein Beet strukturlos, dann kann ein »Paukenschlag« mit großblättrigen *Hosta* oder ein Chinaschilf-Solo alles zurechtrücken.

→ Kombinationen S. 113
→ Grün S. 127
→ Steingarten S. 161
→ Euphorbia S. 215

Pflanzen-Klima-Wechsel

Klima-Wechsel. Ronsdorf – England. Wisley Gardens. Entlang einem Wasserlauf gedeihen gigantisch große, exotisch anmutende Pflanzen mit rhabarberähnlichen Riesenblättern. Sensationell. *Gunnera manicata,* das Mammutblatt. Dieses herrliche Geschöpf ist in Brasilien am Amazonas zu Hause. 1867 wurde es zum ersten Mal in Paris ausgestellt.

Sofort wünsche ich mir brasilianische Klimaverhältnisse. Am Regen soll es nicht liegen – davon habe ich genug. Mir wurden drei Exemplare geschenkt. Es sollten Orte sein, an denen sich ohnehin viel Wasser sammelt. Es gab viel Platz im Einzugsbereich der Regenanlage, das sollte ihnen gefallen. Hinzu kamen wahrscheinlich tiefliegende, unerschlossene Nährstoffquellen aus 100 Jahren Gartenbau, die dazu beigetragen haben, dass sich alle drei *Gunnera* innerhalb kürzester Zeit zu majestätischer Größe entfalteten – in lovely Ronsdorf. Jeder extra Regenguss tat sein Übriges. Sie wurden zu lebenden Skulpturen – 3 m hoch, 6 m im Durchmesser. Grandios.

Doch wie könnte ich unser Winterklima auf brasilianische Verhältnisse »heben«? Das Mammutblatt ist empfindlich gegenüber Kälte und Winternässe. Wenn im Spätherbst der erste Frost an den ledrigen Blättern genagt hat, werden sie abgeschnitten und als Schirm über das Herz der Pflanze gelegt. Um das Gebilde herum stellen wir einen einfachen Lattenrahmen, durch den der Wind weht. Auf die Blätter kommt trockenes Buchenlaub. Wenn alles gut eingefüllt ist, ich das Gefühl habe, dort gar selbst überwintern zu können, kommt über das Ganze eine Metallplatte, die den Winterregen abhält. Das gesamte Werk geht als unser Pflanzen-Christo durch, als Winterskulptur. Die neugierige Gärtnerin beginnt ab Mitte März in den Laubschichten zu wühlen, auf der Suche nach bleichen, kraftstrotzenden Frühlingstrieben. Seit Jahren, bei bis zu minus 20 °C, ist diese Methode erfolgreich.

Erstaunlich, wie viele »Klimawechsel« in unserem Garten stattfinden. Hier sammelt sich Feuchtigkeit, dort Sonnenwärme, und da windet es. Wir können dies für bestimmte Pflanzen nutzen und auch noch verstärken. Andererseits können wir die Herausforderung annehmen und ein spezielles Kleinklima schaffen, wenn uns eine bestimmte Pflanze mit besonderen Ansprüchen am Herzen liegt. Hier ein Mäuerchen, dort ein Dachvorsprung und da eine Hecke. Wo ein gärtnerischer Wille ist, findet sich ein technischer Weg.

Ich bin jeder Pflanze aufrichtig dankbar, die robust ist und bereit, hier zu gedeihen.

Elisabeth von Arnim, 1898

Gunnera Mammutblatt; Familie Gunneraceae. Nach dem Dänen J. Ernst Gunner, Bischof von Drontheim, der 1766–1772 eine Flora von Norwegen schrieb.

FANG AN MIT Suche eine schöne trockene, windgeschützte Ecke im Garten für einen Rosmarin. Sorge mit einer Laubschicht auf dem Wurzelteller dafür, dass der Gefrierpunkt sinkt und die Pflanze lange Wasser aufnehmen kann. Wenn es recht kalt wird, schenke ihr ein Cape aus Vlies. Wait and see.

→ Wasser S. 39
→ Dächer S. 99
→ Gewächshaus S. 167
→ Regen S. 191
→ Ferien S. 197

Schützende Dächer

Natürlich schön ist ein Baumdach – und bleibt erstaunlich lange »regendicht«.

Ein Dach über dem Kopf haben. Damit ist eines unserer elementaren Grundbedürfnisse formuliert. Wenn Kinder ein Haus malen – ein Dach ist immer dabei. Die bescheidensten Behausungen, die uns in der Welt begegnen, haben zumindest ein Dach. Wir wollen uns vor Sonne oder Regen schützen.

Wenn wir die Idee unseres Gartenzimmers mit dem Zimmer im Haus vergleichen, gehört die Zimmerdecke, das Dach, dazu. Über dem Gartenzimmer zieht sich natürlicherweise das Dach des Himmels. Wolken, Sonne, Mond und Sterne. In einem Atrium-Garten spielt das Dach des Himmels die Hauptrolle. Dächer schützen uns vor Sonne oder Regen. Dächer schaffen Geborgenheit.

Für unsere Aktivitäten im Garten ist das Vorhandensein von Dächern entscheidend. Wenn wir an 365 Tagen im Jahr die Möglichkeit haben wollen, draußen etwas erledigen zu können, so ist eine großzügig überdachte Situation wie eine andauernde Einladung. Ein festes Dach, Sonnenschirm, Markise, Pavillon, Scheune, Laube oder Sonnensegel. Wobei ich persönlich eine Anzahl größerer und kleinere Sonnenschirme flexibler finde als eine Markise. An meinem Gartentisch vor dem Haus habe ich von Frühling bis Herbst einen aufgespannten Sonnenschirm stehen. Er ist eine Einladung. Er tut jeden Tag so, als ob die Sonne scheint. Ein einfacher Trick! Oft dient er auch als Regenschirm.

Natürlich schön ist ein Baumdach – und erstaunlich lange »regendicht«. Es ist das klimatisch ausgleichendste Sonnendach. Ein einzelner Baum wirkt im Garten wie ein aufgespannter Schirm, der vor Sonne oder Regen schützt. Mehrere Baumschirme zusammen ergeben das weite Dach für einen Biergarten.

Mir gefällt bei Baumschirmen das Spiel mit der Raumhöhe. Je nach Bedürfnis sitze ich unter tief liegenden Ästen der Schirmtanne oder genieße den Waldspaziergang durch eine Buchen-Kathedrale. In meinem Wohnhaus gibt es einige Wechsel in der Raumhöhe – was ich spannend finde. Früher hat man in großen Räumen mit dem Himmelbett den Himmel herunter geholt – einen Raum im Raum für ein Gefühl von Geborgenheit geschaffen.

FANG AN MIT: Denke über ein Himmelbett im Garten nach. Sommer unter freiem Himmel zu schlafen! Göttlich. Sommerferien zu Hause – ein indisches Zelt im Garten als Schlafsalon.

→ Gartenräume S. 81
→ Gewächshaus S. 167
→ Regen S. 191

Lieblingsplatz im Garten

Lieblingssessel. Lieblingssofa. Lieblingsnische. Dies gilt innen wie außen, im Haus wie im Garten. Sitzplatz in der Felspartie. Eine private Stelle zum Sitzen, Nachdenken und Träumen. Ungestört. Still sein. Für mich selbst allein sein. Einsam sein. Auch 'mal zu zweit sein. Rundum Natur. Geborgen sein. Eingebettet in dichtem Pflanzenbewuchs unter Bäumen, mittags Sonne, abends Mond. Ausblick in die Natur, auf das Haus, auf den Ahnenbaum, ins Bergische Land. Die bequeme Sitzbank ist aus dem Garten von meinem Vater. Erbstück. Kraftort.

Feierabendbank vor der alten Werkstatt. Erbstück von Oma. Am Fahrweg sitzen – mit Blick auf Aktivitäten aller Art. Spätnachmittags Sonne. Happy Hour.

Unter Bäumen sitzen. Friedvoll. Frühlingsmittag unter der Gerichtseiche, Sommerabend unter den Linden, Herbstnachmittag am Amberbaum, Winternachmittag an der Schirmtanne.

Worauf wir sitzen, spielt eigentlich keine Rolle – viel wichtiger ist es, eine gute Stelle zu finden. In kühleren Klimabereichen suchen wir einen windgeschützten Platz an der Sonne – in heißen Regionen freuen wir uns über einen Schattenplatz mit kühlender Brise. Sicher fühlen wir uns, wenn wir etwas im Rücken haben – eine Hecke, eine Pflanzung, eine Mauer. Spannend ist es, auf Aktivitäten zu schauen oder eine Aussicht zu haben.

Wenn wir einen Platz für uns allein suchen, dann finden wir eine versteckte Stelle im Garten – einen geheimen Garten, vielleicht auf einem Dach oder abgesenkt, im Gartenschuppen, unterm Baum oder im Baumhaus.

In Haus und Garten ist es einladend, verschiedene Sitzmöglichkeiten anzubieten. Hocker, Stühle, Korbgeflecht, Stein, Holz, mit Lehne, Schaukelstuhl usw. So kann jeder seinen Lieblingsplatz finden.

Von all den verschiedenen Abarten des Klatsches, die der Garten belauscht, zählt wahrscheinlich jener zwischen einer jungen und einer mit ihr befreundeten älteren Person zu den entzückendsten … Beide werden diese Stunden noch lange, nachdem sich das Gartentor hinter dem Freund für immer geschlossen hat, in Erinnerung behalten; in der Tat so lange, wie sie sich an alles erinnern, das ihr Leben bereichert hat.

Hildegarde Hawthorne, 1911

FANG AN MIT Gehe immer wieder durch Deinen Garten und finde Deinen Lieblingsort. Nimm ein Kissen mit zum Probesitzen. Fühlt es sich gut an? Entspannt es mich? Ist es mein Kraftort? Im nächsten Schritt kannst Du überlegen, wie Du Diesen Ort für Dich einrichtest – vielleicht bleibt es beim Kissen – oder es wird ein komfortabler Lieblingssessel. Viel Freude!

→ Gartenräume S. 81
→ Dächer S. 99
→ Mittag S. 137
→ Ferien S. 197

Zwischen drinnen und draußen

Early morning tea mit Morgenmantel. Afternoon tea mit Gummistiefeln. Happy Hour mit Kaschmirpullover. Drinnen oder draußen. Zwischenraum. Halbwegs draußen sein. Ein Plädoyer für Veranda, Loggia, Balkon und Arkade. All das habe ich nicht. Doch ich wünsche es mir. Herrlich ist die Vorstellung, am Wohnhaus Orte zwischen drinnen und draußen zu haben. Als Einladung, geschützt zu sitzen, etwas zu erledigen, etwas abzustellen. Platz für Loom-Chairs, Hängematte, Schaukelstuhl. Im Sommer den bergischen Monsunregen vorbeiziehen lassen. An Wintertagen in warmen Wolldecken eingepackt ein Frischluft- und Sonnenbad nehmen. Auf der Verandatreppe sitzen. Vor einer Wand mit farbiger Bleiverglasung. Mit Platz für Kletterpflanzen, zum Kräuter trocknen, zum Wäschetrocknen, zum Bettzeuglüften. Mit Holzdielen. Das würde mir gefallen.

Was wir in der Gärtnerei haben, ist einen langer, schmaler, überdachter Laubengang – worüber ich mich zusammen mit einem Spalier von Tomaten freue. Es gibt einen breit überdachten Gewächshauseingang. Gen Süden. Das Glasdach erinnert in seinen Maßen an ein Gewächshaus, das vorher dort stand. Auf der Fensterbank schauen Duftgeranien dem Sommerregen zu. Unter dem Dach ist Raum für meine Außendusche. »Bergisch Nizza« ist mit den alten Gewächshausmauern und dem Portugiesischen Lorbeer eine angenehme Sonnenfalle im Winter – für das Mittagessen und die goldene Nachmittagssonne. Der Weg dorthin lohnt sich.

FANG AN MIT Wenn Du es liebst, draußen zu sein, dann schaffe Dir rund ums Haus Zwischenräume: für Regenpause, Sonnenpause, Siesta. Kreiere Orte für den kurzen Moment zwischen Drinnen und Draußen: um ums Haus zu gehen, nach dem Wetter zu schauen, Zeitung zu lesen, Schuhe anzuziehen, Regenzeug auszuziehen, den Regenschirm zu trocknen, anzukommen, Äpfel zu schälen, das Fahrrad abzustellen, Feierabend mit einem Radler zu zelebrieren. Denke über eine Veranda oder Loggia nach.

Veranda (span.: Hauslaube)
Halb offener, bedachter, meistens auf hölzernen Pfosten ruhender und oft mit Pflanzen bezogener Anbau an Wohnhäusern, in dem man, vor Regen geschützt, die freie Luft genießen, speisen usw. kann. Um der Zugluft nicht ausgesetzt zu sein, wird die Veranda von der Wetterseite abgekehrt oder teilweise durch Holz- oder Glaswände geschlossen.

Ein Balkon, eine Galerie oder Veranda sollte mindestens 180 cm tief sein – sonst sind sie nutzlos. Zwei bis drei Leute sollten bequem zusammensitzen können. Mit Platz für einen kleinen Tisch. Idealerweise ragt ein Teil des Balkons in das Gebäude hinein – das gibt ein gutes Gefühl von Sicherheit und Geborgenheit.

→ Dächer S. 99
→ Ferien S. 197

Es lebe der Küchengarten!

Das Kochen ist ein Teil unseres Lebens wie das Essen. Der Küchenraum: Ofen in der Mitte, Arbeitsflächen, großer runder Tisch, Türe nach draußen, Veranda. Ein befestigter Weg in den Küchengarten. Der Garten ist ein Küchengarten. Eingefriedet mit Mauern. Mauern für Spalierobst, mit *Clematis* berankt. Entlang der Mauer: ein überdachter Gärtnerplatz; großes Spülbecken, Regalbretter, Arbeitsfläche, Erde, Töpfe, Etiketten, Werkzeug, Gießkannen, Hocker. Von der Küche aus ein Hauptweg – 150 cm breit – bis zum Grundstücksende. Am Endes des Weges: die Küchengartenbank. In der Mitte: der Küchengartenesstisch; überdacht – eine Außenküche. Gemeinsam essen im Garten.

Vom Hauptweg aus 30 cm breite Fußsteige in die viereckigen, gleich großen Gemüse- und Salatquartiere. Ein buntes Blumenband fasst den Hauptweg ein. Irgendwo ein Anlehngewächshaus. Frühbeetkästen, eine Wasserstelle, Kompost. Alle Wege führen durch die Küche. Alle Wege führen durch den Küchengarten. Mit der Natur biologisch wirtschaften. Experimentieren. Das ist mein Traum. Essen und Vorräte selbst zu produzieren. Mal eben rausgehen, um zu ernten, Tomaten zu naschen, frischen Koriander zu schneiden, Himbeeren zu pflücken, Rote Bete zu ziehen, mit Erdbeerfeld, Artischockenfeld und einem kleinen Kartoffelacker. Und Platz für da und dort ein paar Stauden. Und wenn ich in einem Jahr keine Zeit mehr für den Küchengarten habe, werden die Felder mit Ringelblumen und Bienenfreund *(Phacelia)* eingesät. So stelle ich es mir vor.

Bei meinen Besuchen in England finde ich es herrlich, traditionelle *kitchen gardens* und *walled gardens* zu besuchen. Diese Fülle! Meist befinden sich die Küchengärten von den Häusern entfernt – beim Gärtnerhaus. Der Ertrag des Küchengartens ist in ländlichen Gegenden von großer Bedeutung. Der Weg zu frischem Gemüse ist weit. Freunde von mir haben einen großen *kitchen garden* an ihrem Wochenendfarmhaus. Der erste Gang am Freitagabend – mit der Taschenlampe – geht in den Küchengarten, zu sehen, was es zu ernten gibt. Der größte Stolz sind am Sonntagabend der Gemüsekorb und die Marmeladengläser für die kommende Woche in London.

Wir lieben das gute Essen, lieben Tafelfreuden. Ein Küchengarten ist Lebenskultur.

Potager = Gemüsegarten
Kitchen garden = Küchengarten

… nicht weniger als 30 Beete sind allein dem Gemüse vorbehalten, da es mir kürzlich aufgegangen ist, es müsste doch interessant sein, verschiedene Gemüse zu ziehen, das auch noch solide Tugenden hat, die den Blumen abgehen, und dass ich ebenfalls den Obst- und den Küchengarten unter meine Fittiche nehmen könnte.

***Elisabeth von Arnim*, 1898**

FANG AN MIT Willst Du den Geschmack von Blättern und Blüten erfahren, dann leg' dir eine Salat- oder Kräutertheke an. Alles aufgereiht in Töpfen oder als Beet, 40 cm breit – und so lang, wie Du möchtest. Fülle es mit Sämereien, Kräutern und Schnittsalat-Schnibbelgarten. Wie dein Küchengarten auch aussehen mag – er sollte nur wenige Schritte von der Küche entfernt sein!

→ Gärtnern S. 25
→ Umgraben S. 29
→ Kompost S. 31
→ Ernten S. 47
→ Gewächshaus S. 167
→ Blumenschmuck S. 221

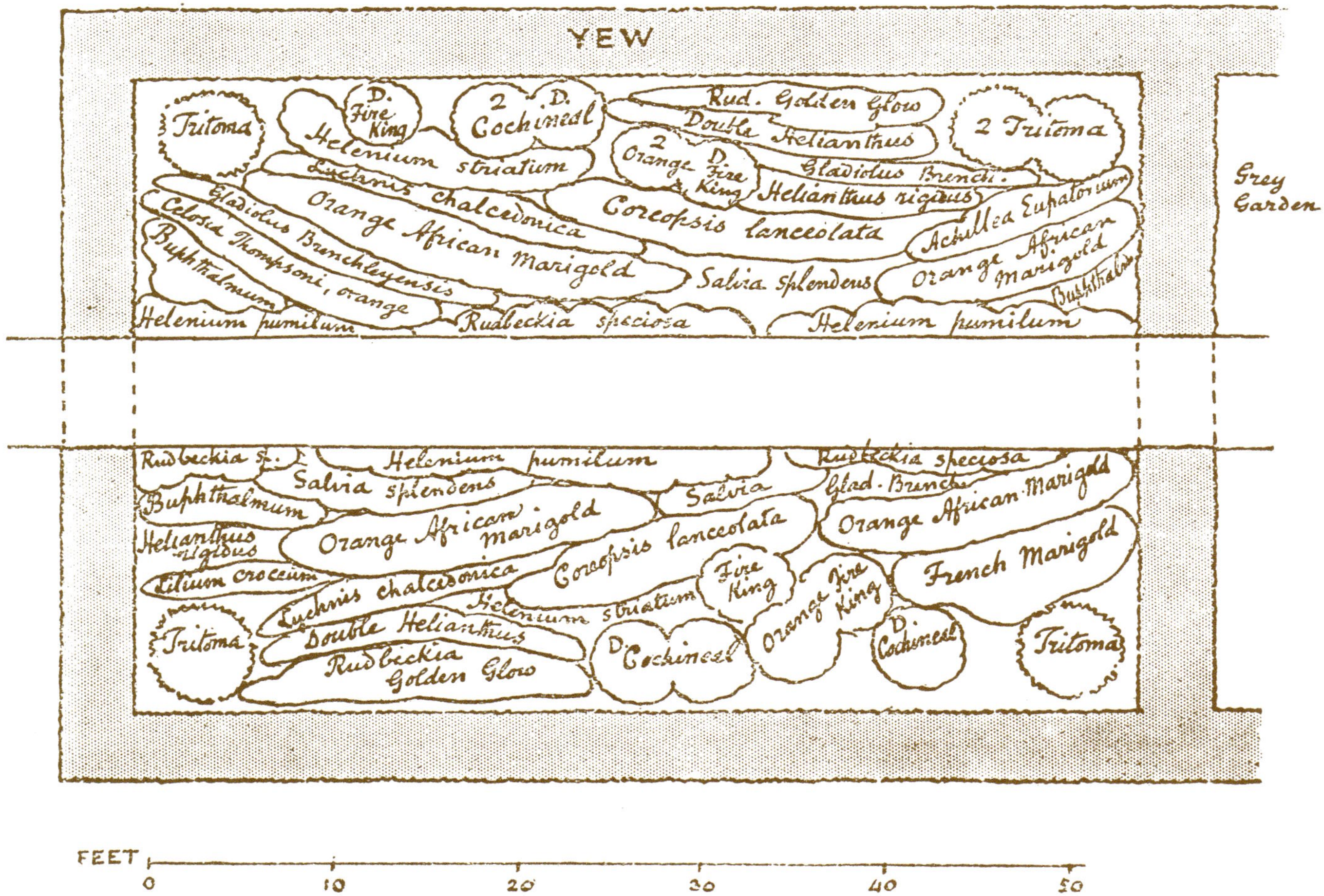

The Orange Garden

Border und Staudenrabatte – die Kunst der Beete

Der Begriff Rabatte (engl. *border)* bezeichnet Einfassung, Saum, Borte, Randverzierung, schmales Beet. Auf den Garten übertragen, meinte man damit Ende des 19. Jahrhunderts das schmale Blumenband, mit dem man den Rasen einfasste oder einen Gartenweg säumte. Daraus hat sich das Thema der klassischen englischen Staudenrabatte entwickelt.

Grundgedanke bei der Anlage einer Staudenrabatte ist ein lang gestrecktes, sonniges Beet, an dem man entlangschreitet und sich an dem Zusammenspiel von Pflanzenformen, Licht und Farbe erfreut (und ich meinerseits im Vorbeigehen immer etwas sehe, was sich doch mal eben korrigieren ließe … und daher am Ende des Weges immer ein grünes Knäuel in der Hand halte). Meist widmen sich die Rabatten einem Farbthema und tragen oft entsprechende »Bildunterschriften«, wie »Grey Walk« oder »Purple Border«. Von der Grundform her sind die Beete formal und geradlinig mit einem entsprechend breiten Plattenweg eingefasst. Wir nehmen die »strenge« gerade Form nicht wahr, da die Grenzen der Einfassung stellenweise von den Pflanzen überwachsen sind. Diesen Kontrast zwischen der strengen Form der Rabatten und den weich fließenden Konturen der Pflanzen wirkt sehr harmonisch.

Die Komposition einer Staudenrabatte gleicht dem Zubereiten einer Mahlzeit, dem Komponieren eines Musikstücks oder dem Malen eines Bildes. Ich denke dabei über Rhythmus, Konturen, Formen, Flächen, Takt, Farbtöne, Farbklänge, Kontraste, Texturen, Jahreszeiten und Strukturen nach. Grundlage ist eine leere Leinwand, ein leeres Notenblatt, ein leerer Kochtopf oder ein frisch umgegrabenes Beet im Garten.

Wie beim Zubereiten einer Mahlzeit gilt es, über den Anlass und das Rezept nachzudenken: welche Zutaten, welche Menge, in welcher Reihenfolge? Und jeder von uns wird es anders in seine Hände nehmen. Wie beim Kochen. Der eine braucht für jeden Schritt genaue Angaben, der andere geht über den Markt, lässt sich vom Angebot inspirieren, kauft intuitiv ein und zaubert daraus ein köstliches Mahl. Wenn ich meine Beete anlege, sind dies dieselben Überlegungen. Welches Ziel, welche Pflanzen, welche Stückzahlen? Wie so oft bewahrheitet sich dabei: Weniger ist mehr.

Drift
engl. Triebkraft, (Dahin-)Treiben, Schar, Menge, Wolke.

Größenverhältnisse
Eine Staudenrabatte sollte mindestens so tief sein wie die höchste Pflanze, die darin wächst.

Gertrude Jekyll und die Beetgestaltung als Kunst

Die englische Gartenkünstlerin Gertrude Jekyll (1843–1932) hat das Thema Staudenrabatte aus der Kunst heraus entwickelt. Vor dem Hintergrund ihres Kunststudiums hat sie mit Pflanzen Gartenbilder ganz bewusst unter künstlerischen Gestaltungs- und Proportionsregeln komponiert. Für ihren Garten *Munstead Wood* entwarf sie eine Staudenrabatte, die 70 m lang und 4 m tief war. Den Hintergrund bildete eine über 2 m hohe Ziegelmauer. Vor der Mauer lag ein 1 m breiter Pflanzstreifen, in dem verschiedene Kletterpflanzen Platz fanden. Dann folgte ein 1 m breiter interner Arbeitsweg, um auch von hinten gut in den Pflanzflächen arbeiten zu können. Auch mein Weißer Garten hat eine geschnittene Eibenhecke als Hintergrund, und der davor liegende Pflegeweg ist ideal zum Heckenschneiden. Dann erst beginnt die große Pflanzfläche.

Geschult durch ihr Kunststudium, wandte Gertrude Jekyll Farbgesetzmäßigkeiten und Proportionsregeln an, um eine harmonische Farbwirkung zu erzielen. In *Munstead Wood* beginnt die Rabatte mit kühlen Farben, steigert sich zu warmen Rot-Orange-Tönen und entwickelt sich wieder zu den kühlen Farben. Typisch für ihre Entwürfe ist ihr »Pinselstrich«, die Form, in der sie die Pflanzen gesetzt hat: die sogenannten *drifts*.

»Schon vor vielen Jahren erkannte ich, dass es in allen Rabatten besser ist, wenn man eher in gestreckter als in runder, geballter Anordnung pflanzt. Es wirkt nicht nur malerischer, sondern eine schmale, lang gezogene Bepflanzung hinterlässt auch keinen unansehnlichen Raum, wenn die Blüte vorbei ist und die Blätter möglicherweise verwelken. Das Wort ›drift‹ passt recht gut zu dieser Form der Rabattengestaltung.«

Gertrude Jekyll, 1898

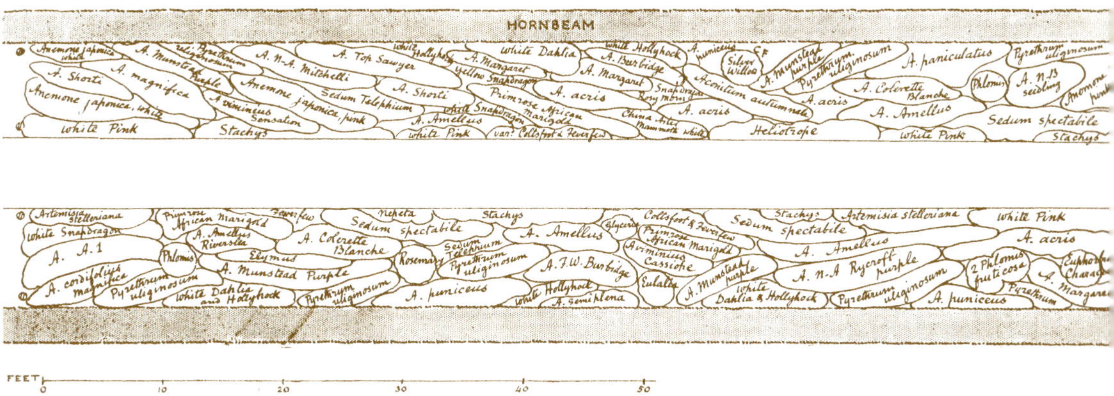

The September Border

Drifts schaffen für den Betrachter zwei Perspektiven. Von vorne hat das Bild eine breite Wirkung, von der Seite betrachtet sieht man die hintereinander gestaffelten Flächen. Spannung ergibt sich in der Komposition durch das Hinzufügen der Kreisform. Die Kreisform wird durch Pflanzen verkörpert, die sich schon aufgrund ihres Habitus als Solisten eignen.

Drifts sind zu meiner Handschrift geworden. Wie mit breiten Pinselstrichen nebeneinandergesetzt, kommen die Stauden prachtvoll zur Geltung. Da ich gerne im Dutzend einkaufe, setzt sich ein *drift* aus 6, 12 oder 24 Pflanzen zusammen! Wenn ich damit beginne, Pflanzen auf der vorbereiteten Fläche zu verteilen, verbrauche ich immer alle Exemplare einer Art. Meist beginne ich mit den äußeren Konturen. Dafür verwende ich am liebsten Bergenien. Dann denke ich »in *Bergenia*« und versetze mich dabei in ihre Standortansprüche. Auf diese Art und Weise habe ich gleich das ganze Bild im Auge und mit den ersten Linien gefüllt. So gehe ich nach und nach mit jeder Pflanzenart vor. Einmal in Schwung gekommen, ist die Rabatte schnell gefüllt, und es gefällt mir, mich auf diese Art und Weise durch die Rabatten »treiben« zu lassen.

FANG AN MIT Wirklich einnehmend ist eine doppelte Staudenrabatte. Nimm von der Terrasse aus eine zentrale Wegachse – 120 cm breit. Am Ende plane einen kleinen Sitzplatz. Zu beiden Seiten des Weges eine Staudenrabatte – 200 cm breit. Die Wirkung ist dann so, als ob Du durch eine Blumenwiese gehen würdest. Du kannst vollkommen in Deinen Rosengarten, Deinen Septembergarten oder Deinen Wilden Garten eintauchen.

→ Kompost S. 31
→ Ernten S. 47
→ Blumenschmuck S. 221
→ Gartenräume S. 81
→ Harmonie S. 155

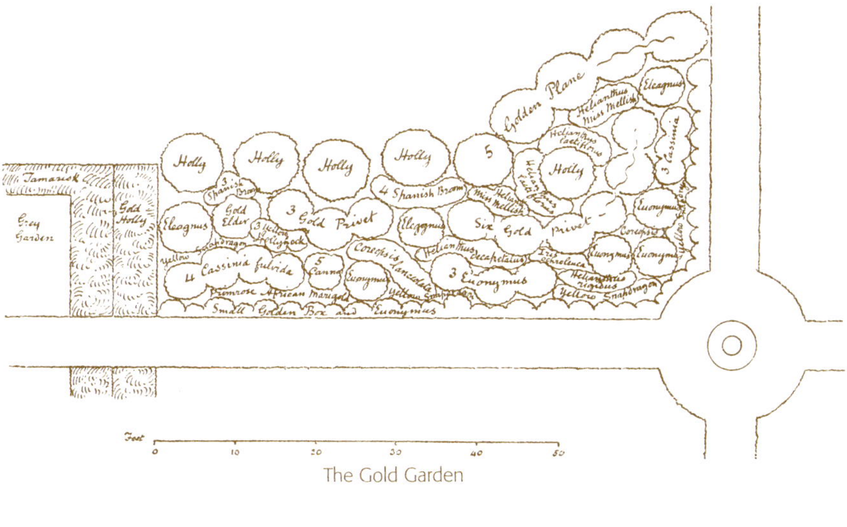

The Gold Garden

Kreative Kombinationen

Wie es Euch gefällt! In meinem Grauen Garten sollte unbedingt eine *Hosta* 'Elegans' als Blattkontrast dazukommen. Sie fand einen Platz an der Sonne – was viele kritische Blicke auf sich zog. Wo ein Wille ist, war in diesem Fall auch eine Gießkanne.

Kniphofia ist, einzeln betrachtet, schön. Die straff aufrechten *Kniphofia* mit dem feinen, fließenden Engelshaar wie auf dem Bild zu kombinieren – ist spannend und reizvoll. Botanische Namen spielen keine Rolle. Es geht um das genaue Hinschauen und darum, die Qualität und Stärke der einzelnen Pflanze zu erkennen. Intuition.

Wenn ich mich als Kontur für *Bergenia* mit ihren großen, festen, rundlichen Blättern entschieden habe, dann suche ich als Kontrast dazu etwas Zartes, Duftiges, Feines wie *Aster prostrata* 'Snowflurry', *Hakonechloa macra* oder *Aster divaricatus*. Im Weißen Garten wurde *Allium* 'Mount Everest' mit *Iris* 'English Cottage'zusammengesetzt – zufälligerweise eine gelungene Kombination von Blütenformen. Überaschend genial wurde die gelbe Frühlingsmelodie aus *Euphorbia* 'Walenburgs Glory' mit der Tulpe 'Yellow Spring Green', *Euphorbia* 'Dixter', *Phlox* 'Karminvorläufer' und *Euphorbia schillingii* – so frech wie ich es mir vorgestellt habe, mit i-Tüpfeln von *Allium* 'Purple Sensation'.

Beim Kombinieren von Pflanzen können wir uns an dem Zusammenspiel natürlicher Pflanzengemeinschaften orientieren, aber es ist auch ein Vergnügen, die eine oder andere Ländergrenze zu überschreiten und sich von seiner Intuition treiben zu lassen. Ungewöhnliches kombinieren – wie beim Kochen! Wir haben die Freiheit, zu experimentieren. Wir haben die Freiheit, Fehler zu machen. Die Kombination von Farben, Formen, Texturen, Strukturen, Materialien und Mustern ergibt einen eigenen, persönlichen Stil. Beim Essenzubereiten, beim Entwerfen von Mode, bei der Kombination von Kleidungsstücken, beim Malen, beim Fotografieren und beim Kombinieren von Pflanzen. Der Mut, die Freude, die Lust, Ungewöhnliches auszuprobieren, mit Kontrasten zu spielen, sich überraschen zu lassen, Grenzen zu überschreiten, Individualität zu entwickeln – macht uns einzigartig.

FANG AN MIT Hab' immer ein Notizheftchen dabei – für die Farbkombination in einem Stoff, das Pflastermuster in dem Straßencafé oder auch eine Pflanzenkombinationen. Mach Dir Notizen von Pflanzen und Kombinationen, die Dir gefallen. So hast Du Deinen eigenen Ideen-Fundus für künftige Projekte in Haus und Garten. Überraschung: Überlasse manche Kombination dem Zufall!

Sooft ich in meinem Garten etwas beabsichtigt habe, habe ich nach dem Einfachen gestrebt, Kompliziertes vermieden.

Gertrude Jekyll, 1898

... und der Künstler-Gärtner wird finden, dass er kaum das Einfügen einer einzigen Pflanze einer anderen Hand als seiner eigenen anvertrauen kann. Denn obwohl es ganz einfach und leicht aussieht, wenn es fertig ist, so muss er sein Bild doch ganz allein malen – niemand kann es für ihn tun.

Getrude Jekyll, 1907

→ Blätter S. 57
→ Harmonie S. 155

Mut zur Farbe!

Insbesondere an grauen Wintertagen im Bergischen Land erwärme ich mich innerlich im Roten Salon und blicke frohen Herzens auf rot getünchte Gebäudefassaden um mich herum. In der Gartenlaube sind es karibische Farben, die den Winter verkürzen. Herrlich, in Architekturen des Klassizismus von Karl Friedrich Schinkel (1781–1841) zu erleben, mit welcher Sicherheit und Großzügigkeit Räume in kräftiges Rot, Blau und Grün getaucht wurden. Eine Reise in den Orient beflügelt und befreit den Farbgeist. Mit welcher Freude dort Farben nach Herzenslust kombiniert werden – fantastisch. Villa Kunterbunt.

Um im ganzen Jahr mit Farbe verbunden zu sein, nutze ich in meinem Garten farbige Mauern als Projektionsflächen für Licht und Schatten und als Kontrast zu Pflanzenfarben. Ich liebe es, Farben auszusuchen, zu mischen und mich an ihrer sofortigen Wirkung zu berauschen. Es ist inspirierend, in der Natur nach Farben zu suchen und diese aufzugreifen.

In einem meiner Gärten habe ich einen Gartenstuhl in Euphorbien-Limonengelb gestrichen. Der Maler meinte, ob dies mein Ernst sei. Ist es. Die Farbe wiederholt sich in dem Beet mit *Origanum* 'Thumbles', Narzissen, Euphorbien, *Alchemilla* und *Thalictrum*. Der Stuhl passt an 365Tagen im Jahr. Lass Dich von den Farben der Natur inspirieren: Knautiarot, Nepetablau, Salbeigrün, Lavendelblau, Euphorbiagelb, Artemisiagrau. Mut zur Farbe!

Wir haben alle Möglichkeiten, Farbe im Garten zu verwenden – die Pflanzen dementsprechend auszuwählen, sie farbig oder monochrom zu komponieren. Die Fantasie kennt keine Grenzen. Interessant finde ich, dass Gertrude Jekyll 1908 in ihrem Buch »Colour in the Flower Garden« einen »special flower garden« entworfen hat, in dem sie die damals bekannten Farbgesetzmäßigkeiten anwandte. Der Garten ist eine Abfolge von fünf monochromen Gärten, die durch dunkelgrüne Eibenhecken voneinander getrennt sind. Mittelpunkt des Gartens ist der runde Goldene Garten, der mit entsprechend gold-gelben *Ilex* eingefasst ist. Von der goldenen Mitte aus geht es zur einen Seite in den Grauen und den Orangfarbenen Garten, zur anderen Seite in den Blauen und Grünen Garten. Die Farbräume sind unterschiedlich groß – entsprechend den Gesetzmäßigkeiten des Quantitätskontrastes, der die Aktivierung der Netzhaut misst.

Die Farbe ist eine Ergänzung der Architektur, sie dient dazu, einen Raum größer oder kleiner erscheinen zu lassen. Außerdem ist sie nützlich, um die Spur von Magie hinzuzufügen, die ein Ort braucht.

Louis Barragan, 1981

Der Fehler, der sich am häufigsten findet, sowohl im Entwurf als auch in der Farbe, ist der Versuch, zu viel in ein Bild hineinzupferchen. Die schlichtere Wirkung, die durch maßvolle und weise Zurückhaltung erzielt wird, ist immer die stärkere.

Gertrude Jekyll, 1907

Gärten à la Paul Klee

Farbe ist stimulierend. Es ist ein Genuss, sich dem Studium der Farbe zu widmen. Monet, Klee, Itten, Delauny, Turner, Guisande – ich liebe Kunst. Es gefällt mir, den Interpretationen von Farben, Formen und Natur von Künstlern auf der Spur zu sein. Inspirationen für eigene Arbeiten.

Mir gefallen Bilder von Paul Klee. Großartige Bildtitel. Es bereitet mir allergrößtes Vergnügen, seine genialen Kompositionen in Gartenentwürfe zu übertragen. Bildkompositionen befreien den Gartengeist. Überraschend ist es, sich auf freie Linienführungen einzulassen – zu sehen, in welch interessante Gartenräume es uns führt. Künstlerische Freiheit. Chaos-Kosmos, Dynamik-Statik. *Alles was wächst* (1932) ist für mich ein Wassergarten. Der *Gartenrhythmus* (1932) – sagt alles. *Flora auf Sand* (1927) ist ein Staudengarten mit Gräsern. Der *Garten-Plan* (1922) ist spannend! In den *Tempelgärten* (1920) geht das Herz auf. *Nach Regeln zu pflanzen* (1935) ist ein Konzept.

Der *Park bei Lu(zern)* von Klee (linkes Bild) lädt zu einem Spaziergang rund um den Park ein. Immer wieder ergeben sich interessante Blickachsen in die Fläche. Perspektivenwechsel. Die verästelten Konturen – Grasbänder, umfasst von Präriestauden, wie gelben *Rudbeckia* und orangefarbenen *Achilllea*, violetten *Geranium*, violetten Agastachen und blauen Astern. Die runden Punkte sind Baumkronen – spannend.

Überland (1937, oberes Bild) ist nicht nur ein guter Titel – ebenso ein fantastischer Gartenentwurf. Die schwarzen Konturen sind Eibenhecken, vielleicht unterschiedlich hoch, die orangen Flächen erschließen den Raum, die dunkelroten Flächen sind Ruhe und Sitzplätze, Blau die Wasserflächen, Grün – GrasGrün alle übrigen Farbzwischenräume. Blumengärten erscheinen in Weiß und Violett

FANG AN MIT: Lege über eine Bildkomposition, die Dir gefällt, einen Bogen Transparentpapier und entwickle daraus eine Farbkomposition für ein Blumenbeet oder den Grundriss für Gartenräume. Viel Freude!

→ Harmonie S. 155

Gelb – strahlend und heiter

Gelb ist die lichtvollste aller Farben. Gelb strahlt, ist glanzvoll und heiter – verbreitet gute Laune. An trüben Tagen im April ist die Wirkung leuchtend gelber Euphorbien und Narzissen wohltuend. In meinem Topfgarten stehen seit Jahren viele hohe Terrakotta-Töpfe, bepflanzt mit *Hakonechloa macra* 'Aureola', und – egal bei welchem Wetter – von April bis Oktober strahlen sie mich an!

Der grüne Festplatz in der Gärtnerei ist eingerahmt von einem breiten Band schwefelgelber *Phlomis russeliana*. Entlang einem Weg in der Gärtnerei glänzen für viele Wochen auf 1 m × 10 m in perfekter Harmonie *Heliopsis* 'Summernights' und *Verbena bonariensis*. Mir gefällt die Idee eines runden Goldenen Gartens. Über einen spiralförmig angelegten Weg könnte ich zur goldenen Mitte vordringen. Es gefiele mir, im Spätsommer in goldene Zeiten von *Rudbeckia, Solidago, Heliopsis* und *Helenium* einzutauchen. Großartig!

Wenn wir mit Gelb arbeiten, können wir für eine harmonische Wirkung Farbgesetzmäßigkeiten nutzen. Die Komplementärfarbe zu Gelb ist Violett. Wenn wir Violett hinzufügen, dann idealerweise – nach Goethe – im Verhältnis 1/4 Violett zu 3/4 Gelb. Wenn ich danach arbeite, dann errechne ich vorher die gesamte Menge der benötigten Pflanzen. 1/4 davon heißen dann beispielsweise *Agastache* 'Black Adda', *Verbena bonariensis*, *Salvia nemorosa* 'Caradonna' oder *Vernonia crinita*.

FANG AN MIT Einem *Yellow-Mellow*-Garten. Blickpunkt dieser Komposition ist ein Pfeifengras. Mir gefällt die Idee der duftigen, bogig überhängenden Blütenähren der Sorte 'Transparent' über den Blütenstrahlen der gold-gelben drifts.

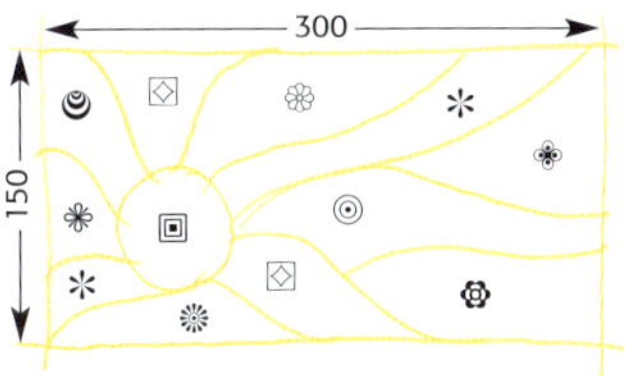

Gelbe Vagabunden im Frühling
Corydalis lutea, Meconopsis cambrica.

Perfekte Liaison
3 *Verbena bonariensis* und 9 *Heliopsis* 'Summernights'.

Unendliche gelbe Spielarten
bietet *Hemerocallis*.

Gelbes Laub
Hakonechloa macra 'Aureola', *Hosta* 'Golden Standard', *Stachys* 'Primrose Heron'.

***Yellow-Mellow*-Garten**

- ◎ 1 *Molinia* 'Transparent'
- ✻ 6 + 3 *Phlomis russeliana*
- ❀ 6 *Rudbeckia deamii*
- ❋ 3 *Hemerocallis* 'B. Daylight'
- ✺ 2 *Hemerocallis* 'Aten'
- ❉ 1 *Hemerocallis* 'Atlas'
- ◈ 6 + 6 *Hakonechloa macra* 'Aureola'
- ◎ 6 *Euphorbia* 'Goldener Turm'
- ◉ 3 *Euphorbia polychroma* 'Major'
- ✿ 6 *Coreopsis verticillata*

→ Euphorbia S. 215
→ Farbe S. 115

Blau – ein Wunder!

Blaues Wunder, blaumachen, Fahrt ins Blaue. In England habe ich zum ersten Mal am laufenden Meter Katzenminzenblau kennengelernt – ein blaues Wunder, den ganzen Sommer lang. Das wollte ich auch. Eine der Längsachsen durch die Gärtnerei hat sich zum Cat-walk mit *Nepeta* × *faassenii* 'Walkers Low' angeboten. Sobald der Weg beginnt, blau zu schimmern, beginnt mein sommertäglicher Ausflug ins Blaue.

Lavendelblau gibt's auch. Ein ganzes Feld. Einmal in der Provence in die unendliche lavendelblaue Ferne geblickt, schlummerte jahrelang der Wunsch in mir, jeden Tag den Geist und die Seele von Lavendel reinwaschen zu lassen. Eines Tages ergab sich eine sonnige Freifläche in meinem Garten und – warum nicht? Gedacht, getan. In einem Tag war es vollbracht – 6 Reihen à 24 *Lavandula* 'Munstead'. Göttlich, dort im Sommer den Morgen zu begrüßen.

Vor meinem Haus habe ich eine Freifläche geschaffen. Ich schenkte mir und dem Stück Erde Ruhe, säte *Phacelia* aus. Plötzlich erblühte im Spätsommer ein blaues Blütenmeer. Das war es. Die ruhige, blaue Fläche hat alle umliegende Struktur harmonisch und selbstverständlich verbunden.

Ein unbeschreiblicher blitzblauer Traum bleibt der von *Meconopsis betonicifolia*, dem Himalajamohn. Immer wieder gebe ich mich dem Versuch hin, es *Meconopsis* recht zu machen – aber der Himalaja mit seinen Farnschluchtwäldern ist fern.

Annährend elektrisierend blau sind auch die Blüten von *Corydalis flexuosa,* die erst vor einigen Jahren aus China zu uns gekommen sind. Es ist ein Erlebnis, mit ihnen auf Augenhöhe zu sein – sie gedeihen in größeren Töpfen, sodass sie da und dort hervorblitzen. Im Garten gedeihen sie auf einer Nordmauer. Zwischen den Farnen schaue ich 'China Blue' gerne in ihre blauen Augen.

Eine Nordmauer habe ich ultramarinblau gestrichen. Sie bildet einen großartigen Kontrast zu dem gelben Laub von *Hakonechloa macra* 'Aureola', zu *Hosta* 'June' und *Dryopteris erythrosora*.

FANG AN MIT Blauen *Salvia*-Wellen! Blauer Strandhafer bricht die Wellen bis in den späten Herbst. Wenn Du möchtest, kannst Du für den Frühling noch Traubenhyazinten-Wellen dazwischen legen.

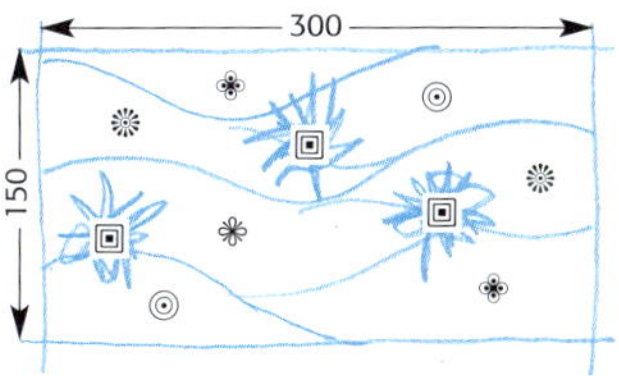

Blaues Solo
Aconitum × *arendsii, Campanula lactiflora* 'Superba', *Phlox paniculata* 'Blue Paradise', *Salvia uliginosa, Agastache* 'Blue Fortune', *Perovskia, Aster laevis, Scabiosa caucasica* 'Stäfa', *Agapanthus, Iris* × *barbata* 'Black Night' und 'Jane Phillips'.

Blaues Blütenmeer
Nepeta × *faassenii* 'Walker's Low', *Lavandula, Geranium* 'Orion', 'Mayflower' und 'Philippe Vapelle', *Campanula poscharskyana, Scilla non-scripta* (»Blue Bells«), *Pulmonaria* 'Blauer Hügel', *Aster dumosus* 'Prof. A. Kippenberg', *Aster turbinellus, Aster* 'Little Carlow', *Aster* × *frickartii* 'Wunder von Stäfa', *Linum perenne*.

Blauer Blattschmuck
Hosta sieboldiana 'Elegans' und 'Blue Mouse Ears', *Panicum virgatum* 'Dallas Blues', *Ammophila breviligulata, Festuca ovina* 'Harz'.

Blaue *Salvia*-Wellen
- ◎ 6 + 6 *Nepeta mussinii* 'Superba'
- ❈ 6 + 9 *Salvia nemorosa* 'Blauhügel'
- ❊ 6 + 6 *Salvia nemorosa* 'Mainacht'
- ❉ 9 *Salvia nemorosa* 'Caradonna'
- ▣ Als Wellenbrecher *Ammophila breviligulata*

→ Farbe S. 115

Rosa Charme und rote Leidenschaft

Mit rosaroter Brille, auf rosa Wolken durch rosarote Zeiten. So ist der Juni in meinem Garten, wenn die Rosen blühen. Rosa Blütenwolken, die den Windschutzzaun rosig umwölken – davor ein Meer rosaroter Pfingstrosen. Rosa, hellrosa, zartrosa, altrosa, dunkelrosa, rosarot. Die Farbe strahlt etwas Zartes, Süßes, Mädchenhaftes aus, ist erfreulich positiv. Rosa Socken gegen Schwermut.

Die Emotionalität von Farbe sorgt für Stimmungen. Farbe kann unsere Seele erreichen, sie heiter stimmen. Kinder verwenden Farben aus reiner Freude, Farbe zu verwenden. Mädchen lieben rosa Blumen. Die Wände im Treppenaufgang zu meinem Büro wollte ich rosarot und karminrot streichen. Zögerlich begann ich zunächst an einer Ecke. Dann ließ ich mich von der Farbe treiben. Mutig, frech, heiter, beschwingt, kraftvoll. Farbe als Ergänzung zur Architektur. Mir gefällt das rosa Haus von Claude Monet in Giverny!

Die Natur schwelgt in vielen Pflanzengattungen in Rosatönen – ich denke an *Paeonia, Phlox,* Chrysanthemen, *Geranium, Anemone, Astrantia, Sedum, Aster, Astilbe* und natürlich Rosen. Rosa Farbtupfer zu Violett, Weiß und Silbergrau. Wenn das Rosa wie bei *Geranium psilostemon* kräftig pinkfarben wird, antworte ich frech mit dem Gelbgrün von *Euphorbia wallichii, Hakonechloa macra* 'Aureola' oder *Thalictrum flavum*.

Von Rosarot weiter nach Rot. Farbe der Liebe, Farbe der Leidenschaft. Den Garten im Herzen mit einem roten Garten anfeuern – mit Bedacht scharlachrote Blüten wählen, dazu Blattwerk von *Heuchera* 'Amethyst Mist', Roter Bete und Rotem Mangold. Zum Rot dann die Komplementärfarbe Grün gesetzt – am besten im harmonischen Flächenverhältnis 1 : 1. Diese Rolle gebe ich gerne *Alchemilla, Hosta, Sedum* 'Herbstfreude', *Bergenia* und Gräsern.

FANG AN MIT Einer rosa Wolke. Auf roten *Heuchera*-Wolken schweben den ganzen Sommer über *Allium christophii*-Sterne und rosarote Blütensternchen von *Geranium* 'Patricia'und *Knautia macedonica*.

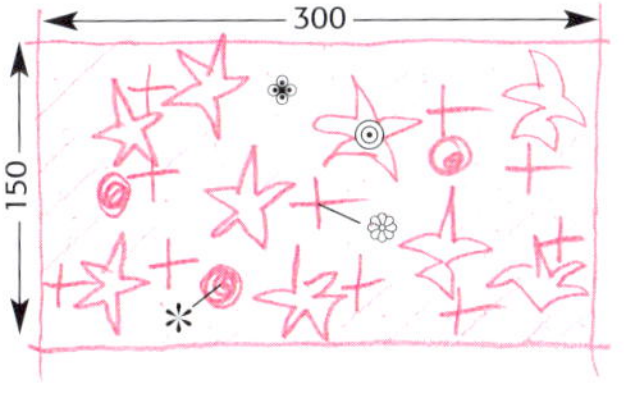

Rosa Wolke

◎ 9 *Heuchera* 'Amethyst Mist'
⁂ 3 *Knautia macedonia*
❀ 15 *Geranium psilostemon* 'Patricia'
❁ 12 *Allium christophii*

→ Farbe S. 115
→ Feuer S. 193

Weiß – frisch und elegant

Bei meinem ersten Besuch in Sissinghurst hat mich der Weiße Garten fasziniert. Was macht den Zauber dieses Gartens aus? Es ist ein in sich geschlossener Gartensalon, der zum *Priest House* gehört – dem Haus, in dem sich die Schlafgemächer befanden. Vita und Harold trafen sich dort abends auf der Terrasse. Es war ihr Abendgarten, die Zeit der weißen Blumen.

Mittelpunkt des Gartens ist eine Laube, die im Juni von einem weißen Blütenschleier der *Rosa filipes* überzogen ist. In der Nähe der Terrasse befindet sich ein geometrisches Buchsraster. Jeder Buchsrahmen ist mit einer weiß blühenden Pflanzengruppe gefüllt. Abends wirken die Quadrate wie Kerzenlichter, die die Terrasse beleuchten. Im Hintergrund lösen sich die Flächen in ein malerisches Miteinander des »bleichen Gartens« von graulaubigen und weiß blühenden Stauden auf. Den wirkungsvollen Kontrast dazu bildet das dunkle Grün der hohen Eibenhecken, die den Garten einfassen. Genial durchdacht ist es, im Dunkeln durch den dunklen Eibengang zum *Priest House* zu schreiten und dann in den Weißen Garten einzutreten.

Die Sehnsucht nach einem Abend-Garten hat mich lange begleitet. Eines Tages ergab sich eine neue Fläche vor einer langen Eibenhecke. Das Experiment »Weißer Garten« konnte beginnen. An zwei Tagen war alles fertig gepflanzt.

Zwei Jahre später, an einem Junitag, als ich in meinen Weißen Garten in seiner Fülle blickte, dachte ich zum ersten Mal »*wie in England*«. Das rührte mich zutiefst. Ich hatte ein Gefühl von Angekommensein – meinen Traum zu verwirklichen – mein Sissinghurst zu leben. Und es ist wirklich etwas ganz Besonderes, jetzt in der Dunkelheit an diesem Garten vorbeizugehen – er hat immer etwas Mystisches: die Stille, das Unberührte, das Alleine-in-der-Natur-Sein. Sitze ich dann dort, freue ich mich, wenn ein paar Fledermäuse einen lauen Sommerabend mit mir teilen – auf die Schleiereule warte ich.

FANG AN MIT Gestalte abendlich »beleuchtete« Wege, indem Du Töpfe an den Wegrändern aufstellst, bepflanzt mit *Cimicifuga ramosa*, *Francoa sonchifolia* 'Alba' und *Gaura* 'Whirling Butterflies'.

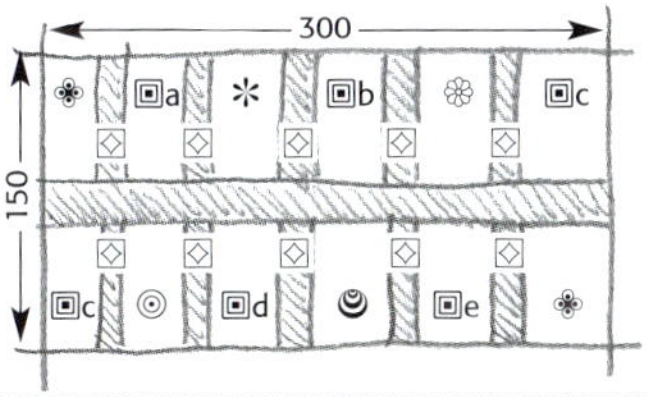

Weiße Blüten

Aster 'Lady in Black', *Astilbe* 'Brautschleier', *Astilbe* 'Snowdrift', *Iris sibirica* 'White Swirl', *Iris × barbata* 'English Cottage', *Paeonia* 'Requiem', *Aconitum* 'Stainless Steel', *Hemerocallis* 'Gentle Shepard', *Chrysanthemum* 'Herbststern', *Aster divarivcatus*, *Clematis jouiniana* 'Praecox', *Veronicastrum* 'Album', *Phlox paniculata* 'Fräulein von Laßberg', *Phlox paniculata* 'Pax', *Boltonia* 'Snowbank', *Physostegia* 'Summersnow', *Salvia nemorosa* 'Schneehügel', *Crambe cordifolia*, *Verbena hastata* 'Alba'. Im Frühling *Tulipa* 'Spring Green', *Camassia leichtlinii* 'Alba', *Allium* 'Mount Everest'.

Weiße Abendkerzen

- 1 *Paeonia* 'Jan van Leuven'
- 2 *Anemone japonica* 'Wirbelwind'
- 2 *Anemone japonica* 'Honorine Jobert'
- 22 *Astilbe × arendsii* 'Irrlicht'
- 2 *Phlox* 'Schneelawine'
- 2 *Lupinus* 'Fräulein'
- 2 *Liatris spicata* 'Alba'
- a 1 *Actaea racemosa* var. *cordifolia*
- b 1 *Actaea simplex* 'Prichard's Giant'
- c 1 *Actaea acerina*
- d 1 *Actaea simplex* 'White Pearl'
- e 1 *Actaea racemosa*

→ Abend S. 139

Grün – Farbe des Lebens

Es gefällt mir, über Wiesen zu gehen oder unter Laubdächern zu verweilen. Suche ich Ruhe, dann in der Felspartie. Im Grünen sein. Grün beruhigt. Grün ist die Hoffnung. Es grünt so grün. Jedes Jahr ist es für mich ein großes Glücksgefühl, wenn es heißt *»der Mai ist gekommen, die Bäume schlagen aus«.*

Mein Wohnhaus liegt inmitten der Felspartie. Aus dem Grünen Salon fällt der Blick ins üppige Grün – *Djungle-Beauty!* Es sind dort Pflanzen mit wintergrünen, glänzenden Blättern zu Hause, in unendlich vielen Schattierungen von Limonengelbgrün bis Blaugraugrün. Farne, *Hosta, Helleborus, Podophyllum, Euphorbia robbiae, Asarum, Convallaria, Rodgersia, Peltiphyllum, Polygonatum, Hakonechloa* und uralte Baumgestalten von *Rhododendron, Pieris, Stranvaesia (Photinia), Euonymus* und *Kalmia*. Mit großen und kleinen Blatt-Tellern sammeln sie das Sonnenlicht, das auf den Waldboden trifft.

Zu den grünen Schönheiten gehört das *Epimedium.* Bischofshut, Sockenblume, Elfenblume sind ihre deutschen Namen. Im Frühling erscheinen auf langen Stielen die eigentümlichen eleganten Blüten, wie ein dichter Schwarm beflügelter Akeleiblütchen. Nach der Blüte erscheinen auf drahtigen Stielen in frischem Grün die zierlichen, lederartigen, teils interessant gezeichneten Blätter. Sie nehmen sich etwas Zeit und schließen sich erst allmählich zu dichten Laubmänteln zusammen.

Wie groß war mein Entzücken, als ich das Buch von Professor William T. Stearn (1911–2001) fand: *The Genus Epimedium*. Er hat sich in Elfenblumen verliebt. 1938 veröffentlichte er eine erste Monographie über sie: *alpinum, colchicum, diphyllum, ecalcaratum, grandiflorum, hunanense, koreanum, lilicinum, niveum, macranthum, pinnatum, pubigerum,* × *rubrum*, *sulphureum,* × *versicolor,* × *warleyense,* × *youngianum* – ich will sie alle kennenlernen!

FANG AN MIT Grün! Entdecke die Eleganz und Farbigkeit von Grüntönen. Herrlich die weich fließenden Wellen von *Hakonechloa*. Daraus erheben sich grün gedrehte Blattspiralen!

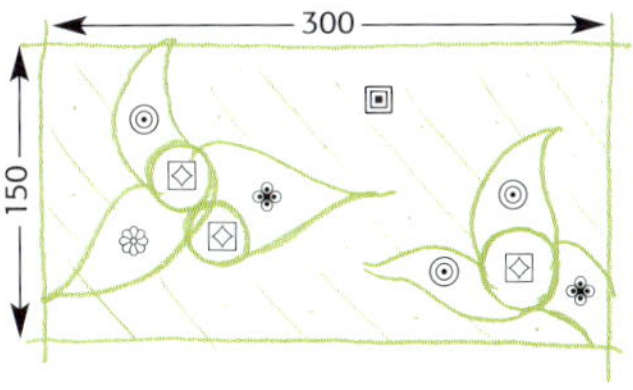

Grüne Blüten
Helleborus foetidus, Nicotiana langsdorfii, Cyanara cardunculus, Tulipa 'Spring Green', *Rosa viridiflora*.

Grüne Pflanzennamen
Virescens: grünlich, grün werdend
Viridiflorus: grünblütig
Viridifolius: grünblättrig
Viridis: grün
Viridistriatus: grün gestreift

Wintergrün
Manche Stauden trotzen mit Salzen in ihren Zellsäften dem Frost:
Bergenia, Blechnum, Cyclamen, Dryopteris, Epimedium, Euphorbia, Helleborus, Heuchera, Liriope, Mitella, Ophiopogon, Polypodium, Saxifraga, Stachys lanata, Waldsteinia, Yucca

Grüne Eleganz
Hakonechla macra
Hosta 'Royal Standard'
Helleborus foetidus
Helleborus-Hybriden gelbgrün
Polystichum setiferum 'Plumosum Densum'

→ Strukturen S. 95
→ Klima S. 97
→ Gewächshaus S. 167

Gärtnern à la Monet

Der Impressionist Claude Monet (1840–1926) nutzte den Garten als Inspiration, zur Meditation und als Experimentierfeld mit Pflanzen. Er war leidenschaftlicher Gärtner, besuchte Pflanzenausstellungen, studierte Pflanzenkataloge, besaß eine umfangreiche botanische Bibliothek. Er pflegte zu vielen Gärtnern und Züchtern in Europa Kontakt – hatte stets die neuesten Pflanzenzüchtungen. Ich musste schmunzeln, als ich entdeckte, dass er bei Thomas S. Ware in London Stauden bestellt hat – jener Gärtnerei, in der 1886 auch mein Urgroßvater gearbeitet hatte.

Monet erkannte für sich die unendliche Inspirationsquelle »en plein air«, das Den-Elementen-ausgesetzt-Sein. Die Möglichkeit, persönliche Empfindungen und Wahrnehmungen direkt von der Natur zu empfangen, zu gärtnern und zu malen.

Mit dem Kauf von Giverny hatte Monet seinen Ort gefunden. Monet war zu diesem Zeitpunkt 50 Jahre alt, und bis zu seinem Lebensende entwickelte er den Garten in Giverny zu seinem Atelier im Freien. Er lebte die Symbiose von Gartenbau und Kunst. Er kombinierte Gewöhnliches mit Exotischem und erfreute sich daran, wenn sich Pflanzen selbst aussäten.

Sein Garten am Haus und an seinem Atelier ist entlang einigen Achsen formal gegliedert. Genial sind seine »Malkastenbeete«, die auch »Sonnenaufgangs-« oder »Sonnenuntergangsbeete« genannt werden. Über 30 formal angeordnete Beete in der Form wie bespannte Leinwände erlaubten Monet, unterschiedlichste Gartenbilder zu planen und zu pflanzen, die Pflanzen für seine Arbeit ins rechte Licht zu setzen. Ähnlich der Aufgabe eines Bilderrahmens waren die Beete mit niedrigen Stauden. Die Bilder selbst wurden häufig in großer Üppigkeit mit Sommerblumen gefüllt, um für einen endlosen Blütenflor zu sorgen.

Malkastenbeete können wir nach Herzenslust immer wieder neu gestalten – der Kreativität und Schaffensfreude sind keine Grenzen gesetzt. Wenn Monet heute bei uns Pflanzen bestellen würde, würde er Euphorbien, Astilben, *Allium,* Gräser und Fackellilien auf seiner Farbpalette haben!

FANG AN MIT Leg Dir Malkastenbeete an. Mitten ins Herz Deines Gartens. Jedes Beet in anderen Farben bepflanzt. Vielleicht Deine Sammlung von *Phlox*, *Helenium* oder *Hemerocallis*. Frech kombiniert, einfach ein paar Samentüten ausprobiert – oder jedes Familienmitglied hat einen »Bilderrahmen« frei!

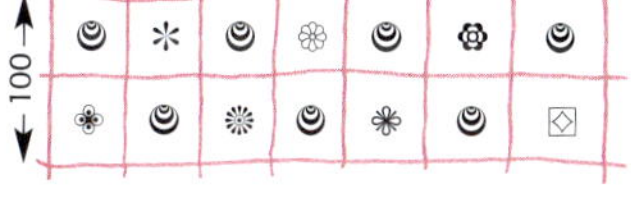

Rien au monde m' intèresse que ma peinture et mes fleurs.

Claude Monet

Weil ich intuitive und geheime Kräfte wieder entdeckte und Ihnen erlaubte, die Oberhand zu gewinnen, gelang es mir, mich mit meiner Schöpfung zu identifizieren und mich in sie zu vertiefen ... Ich habe meine Staffelei vor diese Wasserfläche aufgestellt, die eine angenehme Frische in meinen Garten bringt; ihr Umfang misst weniger als 200 Meter ... mein 69. Lebensjahr liegt bald hinter mir, doch meine Sensitivität hat mit dem Alter nicht etwa abgenommen, sondern sich eher noch verstärkt; ich habe keine Angst vor dem Alter, solange die unverminderte Kommunikation mit der Außenwelt meine Neugier weiter anstachelt und meine Hand ein bereitwilliger, verlässlicher Interpret meiner Wahrnehmung bleibt.

Claude Monet, 1920

Malkastenbeet

- 7 *Physostegia* 'Van Wassehove'
- 1 *Phlox* 'A. Mauthner'
- 1 *Phlox* 'Starfire'
- 1 *Phlox* 'Hesperis'
- 1 *Phlox* 'Aida'
- 1 *Phlox* 'Orange'
- 1 *Phlox* 'Karminvorläufer'
- 1 *Phlox* 'Düsterlohe'

→ Gärten auf Zeit S. 173
→ Zufall S. 175

R O S E
O S E R
S E R O
E R O S

Barbara Köhler

Morgen-Schwung

»Frühstück im Grünen« von Claude Monet. 1866 eine ungewöhnliche Szene. Elegante Personen, modisch gekleidet, bei einem Picknick auf einer Lichtung unter Birken. Die Birke, Baum des Lebens, der Liebe, weiblicher Schönheit und des Glücklichseins. Symbol für Frühling, Beginn, Jugend, Aufbruch. Das Frühstück im Grünen – frei von Konventionen und Tischordnungen. Im Freien frei sein.

Ich liebe es, morgens als Erstes in die Natur zu gehen. Den kostbaren Moment zu genießen, um den Sonnenaufgang mit einem *early morning tea* zu zelebrieren – ganz gleich, wo in der Welt ich unterwegs bin. Ausgeruht, ist der Geist in Ruhe und empfänglich für die Natur – empfänglich für gute Gedanken. Morgenrot. Morgenspaziergang – das Glitzern des Taus im Morgenlicht – *early morning bird & morning glory*.

Morgendusche im Grünen. Eine meiner Morgenrituale ist die Außendusche. In meinem Haus gibt es keine Dusche. Den Gedanken, im Sommer im Freien zu duschen, mit den Elementen verbunden zu sein, fand ich sehr verlockend. Schließlich ergab sich die Möglichkeit, diesen Traum zu verwirklichen. In »Bergisch Nizza«, wie Ronsdorf auch genannt wird, von alten Gewächshausmauern, Portugiesischem Lorbeer und einem Glasdach geschützt, lädt *raindance* ein. So heißt meine Außendusche, mit heißem und kaltem Wasser. Barfuß – bei Wind und Wetter. Jeder Schritt ist ein einmaliges Ereignis.

Morgenbeobachtungen – im Engelshaar hat sich Tau gefangen, ein tiefer See in den Blattachsen von *Linaria triornithophora* gebildet, die erste *Nicotiana*-Blüte geöffnet, die Myrte braucht Wasser, heute ist der Rathausturm zu sehen, Steine unter meinen Füßen. Im Regen stehen. In den Morgen gehen. Im Freien sein. Frei sein.

»Vermutlich stimmt es, dass keine Freundschaft die Frühstücksprobe bestehen kann, und hier auf dem Land halten wir es für eine unerlässliche Pflicht, beim Frühstück zu erscheinen … Und wenn sich auch mein Körper rein mechanisch zum Frühstückstisch begibt, denkt doch meine Seele nie daran, vor Mittag für andere Menschen aufzuwachen, und das auch erst richtig, wenn sie Luft und Sonnenschein verspürt hat. Wer kann schon gleich am Morgen mit Liebenswürdigkeiten aufwarten? Es ist dies die Stunde der wilden Instinkte und naturgegebenen Neigungen; der Triumph der Mürrischkeit und üblen Laune. Ich bin davon überzeugt, dass die Musen und Grazien niemals daran gedacht haben, anderswo als im Bett zu frühstücken.« Elisabeth von Arnim, 1898.

FANG AN MIT Nimm Dir morgens Zeit für einen Morgenspaziergang – tauche ein in die Morgenfrische der Natur – lass Deine Gedanken von Tautropfen einfangen.

Der Morgengarten liebt viel freye Plätze, Rasen und Blumen, diese lieblichen Bilder der Jugend, die sich im Glanz des Thaus schöner heben. Die Freyheit ist dem Auge, das von so vielen heiteren Gegenständen gerufen wird, hier doppelt angenehm.

Christian Hirschfeld, 1779

Ein Morgen
Altes Flächenmaß. Die Fläche, die an einem Vormittag von einem einscharigen Pferde- oder Ochsenpflug pflügbar ist. Je nach Bodenbeschaffenheit der Region 2500–5000 m².

Morning glory
Ipomoea tricolor, ihre Blüten öffnen sich frühmorgens und welken gegen Mittag bereits wieder.

Frauenmantel-Tau
Das Tauwasser auf den Blättern des Frauenmantels wurde früher als Schönheitswasser genutzt. Es wurde gesammelt und für die Morgentoilette verwendet – ewige Jugend und Schönheit versprechend.

→ Wasser S. 39
→ Fühlen S. 185
→ Duft S. 187
→ Klänge S. 189
→ Heilige Orte S. 195

Mittags-Ruhe

Sommer. 6 Uhr, der Tag beginnt. 12 Uhr, Mittag. Tagesmitte. Mittagsszene. Der Tau ist verbrannt, die Düfte verduftet, das Licht gleißend. Das Tagwerk zur Hälfte vollbracht. Höhepunkt. Leerlauf. Ins Freie gehen.

Die Gedanken treiben lassen, sich treffen, zusammenkommen, zum Gedankenaustausch an einem Tisch sitzen, »aus einem Topf essen«, Mittagspause. Weltweit.

Draußen Mittagessen. Im Sommer im kühlenden Schatten – im Frühling und Herbst ein wärmendes Eck in »Bergisch Nizza«, wo ich *En-plein-air*-Augenblicke zelebriere. Oft ist es eine spontane Entscheidung, draußen zu essen. Tischlein deck dich. Als Einladung steht an meinen Lieblingsmittagsorten immer ein Tisch parat.

Mittagsruhe im milden Schatten des Apfelbaumes. Spaziergang auf den Hügel. Blick in die Weite, *look around.* Ziele für die zweite Tageshälfte ins Auge fassen.

Nachmittag. *Afternoon tea.* Das Licht wirft warme Schatten. Düfte kommen. Tau fällt. Der Abend kommt.

Bist Du verantwortlich für einen Ort, an dem Menschen mittags zusammenkommen, dann schaffe die Möglichkeit, sich auch draußen zur Mittagspause zu treffen. In vielen Ländern wird das Essen auf der Straße zubereitet. Außenküche. Rausgehen. Frische Luft schnappen. Ein Moment, in die Elemente, in die Natur einzutauchen. Ein intimer Ort, der an möglichst vielen Tagen im Jahr zu benutzen ist. Der Weg dorthin führt durch ein Stück Natur. Pause für die Sinne. Straßencafé, Biergarten – entspannen und in der Öffentlichkeit sein. Mit unterschiedlichen Sitzgelegenheiten für jeden Geschmack – Bänken, Sitzstufen, Stühlen, Hängematten, Liegen.

FANG AN MIT Wenn im Frühling die ersten Blätter erscheinen, steht am Mittagstisch ein großer Sonnenschirm – bis zu dem Tag, an dem die ersten Blätter fallen. Eine Einladung, jeden Tag diese Möglichkeit zu nutzen – auch an trüben, regnerischen Tagen, wenn der Sonnenschirm so tut, als ob die Sonne schiene. Für dieses Glücksgefühl investiere ich gerne alle paar Jahre in einen neuen Schirm.

Der Mittag hat gegen die übrigen Abschnitte des Tages die wenigste Anmuth. Dies sind die Stunden, wo Erquickung und Ruhe Bedürfnis der Natur werden. Das erste, worauf der Anleger eines Mittagsgartens oder einer Mittagsszene seine Aufmerksamkeit zu richten hat, ist die Anwendung der Mittel, um die Un-bequemlichkeit der Tageszeit zu mildern. Wir suchen den Schatten und seine Kühlung.

Christian Hirschfeld, 1779

Ein weißer Garten für die Mittagszene – das geht nur mit Sonnenbrille!

→ Dächer S. 99
→ Ferien S. 197

Abend-Magie

Der Tag klingt aus. Feierabend auf der Feierabend-Bank. Untergehende Sonne. Abendrot. Letzte Sonnenstrahlen spielen mit Licht und Schatten auf den Blättern im Garten. Zwielicht. Leuchtende Silberkerzenkandelaber. Wohlgeruch von Nachtviolen. Dämmerlicht. Blaue Stunde mit *Phlox* 'Blue Boy'. Mit den Fledermäusen im Weißen Garten.

Ich warte auf die feierliche Stille und Ruhe der Nacht. Sicheren Schrittes bewege ich mich durch die lautlose Nacht. Höre hinein in das Konzert der Heuschrecken. Draußen in der Nacht fühle ich mich geborgen und zu Hause. Jeder Baum ein Freund. Mein Weg führt in die Felspartie. Von dort blicke ich gen Osten auf das erleuchtete Haus, auf die Blutbuche. Der Mond geht auf. Ich lausche dem sanften Murmeln des Bachlaufes. Schließe die Augen. Abendstille, Abendstille überall.

Für zusätzliches Abendlicht habe ich diverse Stromanschlüsse in meinem Garten vorgesehen. Tatsache ist, dass ich sie nie benutze. Es ist mir zu viel. Stille, Dunkelheit, Sternenhimmel, Mondschein und Kerzenlicht genügen mir. Ein Lichtlein brennt. Christian Staufenberg, der Erbauer des GrasHauses, überraschte mich an meinem abendlichen Adventsspaziergang durch die Gärtnerei. Im Glashaus hing ein großer Adventskranz. Feierlich. Mystisch. Magisches Adventslicht. Weithin sichtbar leuchtet es in die Nacht – friedvoll. Für Mutter Natur.

Manchmal nächtige ich draußen, in der Laube. Schabende Wespen summen mich in den Schlaf. Mittsommernacht am Lagerfeuer unter freiem Himmel – dem Mythischen ganz nah. Auf alles hören, wachsam sein. Ein intimer Moment, um im Garten zu sein – seine dunkle Seite zu erleben. Vertrauen haben. Vertrauen schenken. Eins sein. Teil im Universum sein.

Die ganze Einrichtung des Abendgartens ahme den Charakter des Sanften und Ruhigen nach, womit die Natur diesen Theil des Tages bezeichnet … Für das Auge sind die blühenden Schönheiten der Erde verschwunden. Aber der dunstfreye Himmel zeigt, wenn der Mond in feierlicher Pracht an ihm aufsteigt, ein Schauspiel, das die Erde wieder mit neuem Reize verschönert … Pflanzungen von wohlriechenden Blumen und Sträuchern – alles dies scheint zum wollüstigen Genuss einer schönen Sommernacht zu gehören.

Christian Hirschfeld, 1779

Abendstille überall.
Nur am Bach die Nachtigall
singt ihre Weise
klagend und leise
durch das Tal.

Otto Laub (1805–1882)

FANG AN MIT Abendstille für den Abendgarten. Eingefasst mit Irrlichtern: eine Kollektion herrlicher Silberkerzen-Kandelaber. Dazwischen weiße Blütenkerzen – sie zaubern Abendlicht von Juli bis Oktober.

→ Lieblingsplatz S. 101
→ Weiß S. 125
→ Feuer S. 193
→ Silberkerze S. 219

Im Garten wohnen

Im Grünen sein. Wenn im Frühling die Zugvögel übers Land gezogen sind, richte ich mir mein Wohnen im Freien ein. Frühjahrsputz in der Laube, Fenster, Boden, Wände. Deckchair hineinstellen, ein kleiner Hocker als Ablage, Kerzen, Streichhölzer, Räucherstäbchen, ein paar Bücher, Korb mit Kissen und Decken. Wann immer mir danach ist, kann ich mich dorthin zurückziehen, auch dort schlafen. Es ist etwas Besonders, draußen zu schlafen. Wir füllen den Garten mit zahlreichen Aktivitäten. In anderen Kulturkreisen ist der Garten der Ort für Ruhe – die Kunst des Dasitzens. In chinesischen Gärten laden Pavillons ein, die Landschaft feierlich in sich aufzunehmen. In der Türkei hat sich aus dem Pavillon der Kiosk entwickelt. Dort wurde geraucht, Kaffee getrunken und Musik gehört. In orientalischen Gärten finden wir *baradaris* – auf Stützen ruhende Baldachine oder Pavillons, ausgelegt mit Kissen und dicken Teppichen, von denen aus man den Monsunregen beobachten konnte. Wenn ich mir den bergischen Landregen aus meinem indischen Pavillon, unter funkelndem blauem Stoffhimmel heraus betrachte, sieht die Welt tatsächlich anders aus.

In England finden wir das *thunderhouse*. Ein erhöhter, quadratischer, offener Pavillon an der Grundstücksecke, von dem aus man beobachtet, wie das Gewitter herbeirollt. Der Journalist Tiziano Terzani hat sich in seinem italienischen Garten eine tibetische *Gompa* gebaut. Sein Himalaja. Dieser einfache *»kleine Holzkasten hat etwas Geborgenes. Nur ganz wenige Dinge, eine Handvoll Bücher, nicht einmal Platz für einen Tisch. Eine breite Bank, ein Stapel Teppiche. Die Wände sind orange und violett angemalt.«* Sich zurückziehen – Eins sein.

Auf der *Blumigen Höh'* hat mein *head-gardener* Christian Staufenberg seinen GrasGarten gebaut. Im GrasGarten steht das GrasHaus; 2 × 2 m Grundfläche, 4 m hoch. Konstruiert aus alten Heizungsrohren und 120 Jahre alten Frühbeetfenstern. Zwei große Glasflügel öffnen sich gen Süden. Ein schwebender Holzboden. Ein bezaubernder Ort, 365 Tage im Jahr. Einfach hier sein, die Wolken treiben, die Gedanken vorbeiziehen lassen. Tag und Nacht dahingleiten lassen. Unendlich sein.

Ich träume davon, mir eine kleine Hütte bauen zu lassen, Gänseblümchen bis vor die Tür und keinerlei Weg. Zwei Räume – ein Schlafzimmer und eine Küche. Ich weiß genau, wo sie stehen sollte, die Vorderseite ginge nach Südost, damit wir die morgendliche Fröhlichkeit voll auskosten könnten, und nahe am Wasser wäre es, damit wir unsere Teller zwischen den Schwertlilien abwaschen können.

Elisabeth von Arnim, 1898

FANG AN MIT Suche Dir in Deinem Garten einen Platz, an dem Du gerne bei Wind und Wetter sein möchtest. Mach es Dir dort bequem.

→ Gartenräume S. 81
→ Insel S. 181
→ Ferien S. 197

Frühlingserwachen

Frühlingserwachen. Frühlingsluft. Frühlingsgefühle. Sehnsuchtsvoll blicke ich aus dem Fenster auf die Vorfrühlingswiese mit *Galanthus elwesii, Cyclamen coum* und *Helleborus orientalis*. Jedes Jahr erobern mehr und mehr Sämlinge von Lenzrosen und Alpenveilchen die Wiese unter der Magnolie. Meinerseits sorge ich dafür, dass sich die Schneeglöckchenfleckchen ausdehnen. Frühlingsscharbockskraut.

Aufbruch. Neuanfang. Täglich neue Blüten. Pilgerwege von *Helleborus* zu *Helleborus*. Keine Zeit zu ruhen. In der Felspartie erwachen die Himalaja-Rhododendren 'Ronsdorfer Frühblühende'. Im Frühlingswäldchen liegt Bärlauchduft in der Luft. Jugendlicher Überschwung.

Der Frühlingsweg – gegenüber dem Weißen Garten – führt in die Gärtnerei. Neugierig gehe ich jeden Tag vorbei, das Zusammenspiel der sich entfaltenden Blätter und Blüten zu beobachten. Der Rauling *Trachystemon* mit seinen violetten Blütchen. Über Winter vergessen die Schönheit von *Primula veris* – Frühlingsschlüsselblume, die Erste. Gelbe Frühlingswolke mit *Euphorbia robbiae,* der Mandelblättrigen Wolfsmilch.

Hinter dem Stein die blau-weiß gestreiften Blütensternchen von *Omphalodes* 'Stary Eyes', das Blau der Leberblümchen und an der Ecke die ersten Lerchensporne von *Corydalis cheilantifolia*. Hübsch die Schmetterlingsblüten der Frühlingsplatterbse *Lathyrus vernus,* kostbar die Frühlingsschelle *Synthyris stellata,* elegant die Nordamerikanische Waldlilie *Trillium,* delikat die Elfenblumen *Epimedium*. Drifts von Lungenkraut, dazwischen die silbrigen Blätter von *Brunnera* 'Jack Frost'. Narzissen winken. Wenn sich Salomonssiegel *Polygonatum* zeigt, kommt der Frühling. In den Mauerfugen die weißen Blüten von *Cardamine trifoliata,* dem Kleeschaumkraut. Zarte Frühlingsschönheiten – vor denen ich auf die Knie gehe.

Die Zugvögel ziehen übers Land gen Norden. Die Tage werden länger. Die Sonne hat jeden Tag mehr Kraft. Die Bäume werden grün. Es ist Frühling.

FANG AN MIT Pflanze das Frühlingserwachen im Herbst. Platziere den Frühlingsgarten so, dass Deine winterlichen Sehnsuchtsblicke einen »Brennpunkt« finden. Spare nicht an Blumenzwiebeln. Pflanze Dir eine Frühlingsecke unter einer Zaubernuss mit *Cyclamen coum*, Schneeglöckchen-Varitäten und *Helleborus*. Fülle Töpfe mit Blumenzwiebeln. Wenn Du es nicht aushältst, kannst Du Helleborus und Blumenzwiebeln auf einer sonnig kühlen Fensterbank vortreiben.

Ach, ich könnte vor Freude jauchzen und tanzen, dass der Frühling da ist! Dieses Wiedererwachen von Schönheit in meinem Garten und heller Zuversicht in meinem Herzen.

Elisabeth von Arnim, 1898

Schneeglöckchen teilen
Ideal dann, wenn sie blühen. Mit dem Handspaten steche ich etwas von den Horsten ab und setze sie gleich an der gewünschten Stelle ein.

Geniale Kombination
Euphorbia 'Walenburgs Glory' und die Tulpe 'Yellow Spring Green'.

→ Blumenzwiebel S. 69
→ Wiese S. 91
→ Helleborus S. 207

Sommerlaune

Sommertraum. Einmal im Juli in der Haute Provence sein, wenn die Lavendelfelder blühen. Leuchtend blau. Sommerduft. Mein Sommergartenbild. Wärme, Duft, Sinnlichkeit. Zeit, die Fülle des Gartens zu genießen.

Im Garten der langen Vorfreude war ein Gartenzimmer von 4 × 12 m frei geworden. Der Boden steinig. Genau richtig für ein paar Reihen Lavendel. In der Provence hatte ich gesehen, dass die Lavendelreihen angehäufelt sind. Der Boden erwärmt sich schneller und die Pflanze kann in einem weiteren Bogen herum wachsen, was die Erntefläche erheblich vergrößert. Wir haben entsprechende Furchen gezogen und die Pflanzen thronen nun auf einem 25 cm hohen Bergrücken. Eine interessante Struktur – besonders markant im Winter. Dann hat das ganze Lavendelfeld einen rosa Schimmer.

Frühstück am Lavendelfeld. Es gibt mir eine klare Struktur und einen Rhythmus vor. Wenn ich einen vollen Tag hatte, hilft das Gärtnern im Lavendelfeld, Ordnung im Kopf zu schaffen. Unkraut hacken, Furchen ziehen, klar und ordentlich, Reihe für Reihe. Dabei bin ich in Kontakt mit den Pflanzen, bewege mich in einer beruhigenden Lavendelwolke, die noch ihr Übriges tut für Geist und Seele.

Geerntet wird der Lavendel auf dem Höhepunkt seiner Blütezeit. So erhält die Pflanze genügend Sommersonne für einen neuen Blattaustrieb. Die »frischen« runden Lavendelhügel setzen einen starken Kontrast in die weiche Blütenfülle ringsherum. Ich habe die Lavendelsorte 'Munstead' gepflanzt, eine Selektion von Gertrude Jekyll aus ihrem Garten *Munstead Wood*. Diese Sorte treibt sehr gut aus dem alten Holz aus.

Die Staudenbeete gehen bisweilen auch in Sommerferien – aber ich habe im Mai Sommergäste eingeladen: *Gaura* 'Whirling Butterflies', *Erigeron* 'Blütenmeer', *Penstemon, Cosmos, Nicotiana, Verbena, Scabiosa* 'Black Night', *Ammi visnaga* und Dahlien.

FANG AN MIT Suche Dir einen Ort im Garten, an dem Du ein paar Sommernächte draußen schlafen kannst. Summertime – and living is easy. Stell ein Zelt auf. Wir lernen unseren Garten aus einem anderen Blickwinkel kennen. Sommernachtstraum.

---

21. Juni. Mittsommer. Der längste Tag – die kürzeste Nacht. Mittsommerfeuer. Mittsommerwache. Mittsommer ist als Wendepunkt eine gute Zeit für neue Vorsätze.

Lavendel
Lavandula angustifolia, Lamiaceae (Lippenblüter); Halbstrauch. Von lat. *lavare* = waschen. Symbol für Reinheit, klares Leben, Erinnerung, Abwehr des Teufels.

Der Sommer gibt jeder Zeit des Tages seinen eigenen Charakter und seine Annehmlichkeiten: dem Morgen frische Kühlung; dem Mittag schwüle Helle und feyerliches Schweigen durch die ganze Natur, Ruhe der Arbeit und selbst des Gesangs; dem Abend erquickende Milde und sanfte Stille. Und welche Nacht folgt diesem Tage!

Christian Hirschfeld, 1779

→ Ferien S. 197
→ Blumenschmuck S. 221

Herbstfeuer

Die Sommerferien sind vorbei. Ende August gibt es einen Morgen, an dem die Luft anders ist. Der Sommer neigt sich seinem Ende entgegen und der Herbst nimmt seinen Einzug. Die Elemente beginnen in der Natur zu spielen. Tau, Frühnebel und Wind erfinden jeden Tag neue Gartenbilder. Welche Vorfreude auf den Septembergarten, der mit seiner üppigen Blütenfülle auf mich wartet.

Inspiriert von Gertrude Jekyll, habe ich einen Garten dieser Jahreszeit gewidmet. Eine doppelte Staudenrabatte, jede Seite 2,5 m × 12 m, dazwischen ein 1,20 m breiter Weg, der sich in der Mitte zu einem kleinen Sitzplatz ausweitet, in dessen Mittelpunkt eine Terrakottavase thront. Zuerst habe ich diesen Platz mit acht *Miscanthus* 'Kleine Fontäne' eingefasst – der kleine Chinaschilf-Salon. Es war mein Traum, an diesem Ort zwischen den Fontänen abzutauchen, die Augen zu schließen, dem Rascheln des Laubes zu lauschen und die wärmende Mittagssonne zu genießen.

Die Beete sind gefüllt mit hohen und niedrigen Astern, Herbstanemonen, Pfeifengras, *Aconitum × arendsii, Vernonia crinita, Chrysanthemum serotinum* 'Herbststern', *Sedum* 'Matrona' und 'Karfunkelstein'. Sie sind jedes Jahr eine Pracht! Der schmale Steinweg führt mitten hindurch und schenkt mir das Gefühl, in die wundervolle Fülle einzutauchen. Es ist ein besonderes Erlebnis, tatsächlich »runterzukommen« und zwischen den Gräsern auf den Steinen zu sitzen.

Sylvie und Patrick Quibel haben anlässlich eines Besuches dem Septemberbeet einen fantastischen *Petit Jardin des Plumes* hinzugefügt. Federleicht mit *Sporobolus, Muehlenbergia lindheimeri, Aster divaricatus* 'Silver Spray', *Aster* 'Wunder von Stäfa', *Aconitum × arendsii, Tricyrtis stolonifera, Aster turbinellus, Anemone* 'Honorine Jobert' und *Geranium wallichianum* 'Buxton's Blue'. Genial!

Als Sensation für den Frühsommer tummeln sich im April wilde Tulpen in den Beeten und für den Frühsommer wird im Juni der Weg durch den Septembergarten und den *Petit Jardin des Plumes* mit einem Spalier von *Allium* 'Globemaster' gesäumt.

FANG AN MIT Pflanze für Oktoberblumensträuße eine Reihe mit klassischen alten Sorten der Herbstchrysanthemen: 'Mandarin', 'Duchess of Edinburgh', 'Citrus', 'Fellbacher Wein' und 'Bronce Schweizerland'. In traditionellen Bauerngärten liefern sie Blüten für den Altarschmuck zu Allerheiligen.

21. September. Herbstanfang. 29. September ist Michaeli, der Michaelstag. Bei den Germanen war es der höchste Feiertag des Gottes Wotan. Michael ist einer der sieben Erzengel, dem die Kirche am 29.9. ein Fest widmete, das auch »Engelweihe« genannt wurde, da es sich auf die Einweihung einer 493 für den heiligen Michael erbauten Kirche in Rom bezog. Das Michaelsfest war eines der Feste, das die vier Jahreszeiten markierte – Ostern, Pfingsten, Michaeli und Weihnachten.

Herbst-Chrysanthemen
Symbol für langes Leben, für Heiterkeit unter schwierigen Bedingungen.

Im Sommer war die ganze Natur in Grün gekleidet. Jetzt wandelt es sich nach und nach von einem Ton zum anderen, von dem Blaßgrünen und Gelblichen bis hin zum Röthlichen, Dunkelrothen und Braunen, mit unendlich verschiedenen Abfällen und Schattierungen. Durch diese Veränderung des Laubes gibt schon die Natur Gemälde, die der Frühling und Sommer bey all ihrer Schönheit nicht haben.

Christian Hirschfeldt, 1779

→ Gräser S. 67
→ Blumenzwiebel S. 69
→ Klänge S. 189

Winterruhe

Winterruhe. Blumenleer zeigt sich der Garten in seiner Klarheit und Struktur. Winterspaziergänge. Schneeglöckchenweg. Stille. Unberührtheit. Eiseskälte. Weite. Schöne Aussicht. Neue Zusammenhänge – Pläne schmieden – Schneespuren erzählen lassen. Schneezauber.

Die Felspartie wird zum Skulpturenpark. Mir gefällt die Spannung von geschnittenen Gehölzen und frei gewachsenen Baumpersönlichkeiten. Die dunklen Stämme kontrastieren als blaue Strukturen mit dem hellen Schneeweiß. Meinem Winterblick von drinnen liegt voller Hoffnung Wintergrünes am Herzen: *Pieris, Stranvesia, Taxus, Buxus, Helleborus,* Farne, *Bergenia, Saxifraga, Cyclamen* und *Euphorbia* trotzen der Winterkälte.

In Hestercombe, einem Garten im englischen Summerset, entworfen von Gertrude Jekyll und Sir Edwin Lutyens, gibt es einen ganz besonderen Ort für die Winterzeit: die Rotunda. Sie ist ein in der Nähe des Hauses ummauerter Raum mit rundem Grundriss. Die Rotunda öffnet sich in drei Himmelsrichtungen: Auf der Nordseite liegt in einer Mauernische eingebettet ein Sitzplatz. Von dort fällt der Blick über ein rundes Wasserbecken hinweg in den Süden – ein weites Tal. Der Mittelpunkt des Raumes ist dieses runde Wasserbecken – ein Himmelsauge, in dem sich Wolken und Landschaft spiegeln. Die Rotunda sammelt die Wärme der Wintersonne, was dem Winterblüher *Chimonanthus praecox* gut gefällt, der die Mauerinnenseiten berankt. Er blüht von Weihnachten bis März und verströmt einen angenehmen Duft. In den Mauern sind Konsolen eingelassen, die uns mit frischen Blumen und Früchten geschmückt zum Winter-Picknick in die Rotunda einladen – geniale Idee!

Wenn ich Gärten entwerfe, denke ich zuallererst an den Winter. Klare Strukturen von Mauern, Hecken und Wegen ziehen den Blick in den Garten. Es ist nützlich, in der unmittelbaren Umgebung des Hauses dessen Architektur mit Mauern, Treppen und Wasserflächen in den Garten hinein zu verlängern. Haus und Garten geben sich die Hand – mit einem grünen Handschuh.

21. Dezember. Wintersonnenwende. Die dunklen Tage sind vorüber. Das Licht kommt wieder. Zeremonie: An diesem Tag drinnen oder draußen ein Feuer entfachen und das »alte Jahr« mit Ballast und Gedanken verbrennen. Platz für Neues schaffen. Leerlaufen. Leer-Sein.

FANG AN MIT Ein Winterspaziergang birgt Überraschungen. Bevor wir drinnen verrückt werden, ist eine Schneewanderung für den Gartengeist erfrischend. Winterreinigungsbad. Nutze Schneetrampelpfade als Inspiration zur Wegeführung in Deinem Garten. Hast Du im Winter Geburtstag, dann mach' Dir die Freude, für das Geburtstagsfest einen Wintersalon im Garten zu kreieren. Sei galanthophil, beginne mit einer Schneeglöckchensammlung und lade ein zur Schneeglöckchen-Matinee.

➜ Wege S. 85
➜ Strukturen S. 95
➜ Gewächshaus S. 167
➜ Helleborus S. 207
➜ Lieblings-Gärtner S. 229

Jedes Jahr sagen wir, die **Natur** lege sich zum **Winterschlaf** hin, aber wir haben diesen Schlaf noch nicht näher betrachtet, oder genauer gesagt, wir haben ihn noch nicht von unten betrachtet… Du verwelkte und trockene **Staude**, du hast heimlich an **Pracht** gewonnen, wie fühlst du dich, wenn du so vor **Leben** strotzt? …

Hier unten, unter der **Erde** vollzieht sich die richtige Arbeit, hier, da und dort wachsen die neuen Stängel; von hierher bis dorthin, in diesen Abgrenzungen des Novembers, sprüht das **Märzleben**, hier unter der Erde wird das große **Frühlingsprogramm** entworfen. Der Frühling soll sein grünes **Blätterdach** über die Pionierarbeit des Herbstes aufstellen.

Karel Capek, 1957

Harmonie und Goldener Schnitt

Im Einklang sein. Aus dem Bauch heraus. An welcher Stelle unterbreche ich den Weg? An welchem Punkt in der Rabatte hat die Rose den richtigen Platz? Wo ist der beste Platz für den Baum?

Wir können uns dabei jeweils für die Mitte und Symmetrie entscheiden, oder aber wir wenden allgemeine Proportionsregeln an:

1. Die Regel der Drittelung der Verhältnisse: ⅓ : ⅔.
2. Der Goldene Schnitt – hier ist das Verhältnis etwa 5 : 8.

Mit diesen beiden Regeln beantworte ich mir alle Fragen. Es ist interessant, dass wir genau dieses gute Gefühl für Harmonie im Bauch haben. »Zufälligerweise« liegen wir mit dem Bauchgefühl immer richtig. Wenn ich Entscheidungen rechnerisch nachprüfe, bin ich überrascht, wie genau das Gefühl mit der mathematischen Lösung übereinstimmt.

Für das Schneiderhandwerk gibt es den Goldenen-Schnitt-Zirkel. Das Längenverhältnis Jacket : Hose ist ausgezirkelt! Den Goldenen Zirkel habe ich auf Entwürfe von Gertrude Jekyll gelegt – alles liegt genau in der güldenen Mitte!

Ganz verblüffend ist es, den Zirkel an Blüten, Blütenrispen oder Blätter zu legen. Mutter Natur ist genial.

Für mich ist der Garten von Beth Chatto ein wunderbares Beispiel für die Harmonie der Pflanzen untereinander, die Harmonie der Pflanzen zum Standort und die Harmonie der Pflanzen mit dem Menschen. Beth hat die extrem unterschiedlichen Bodenverhältnisse auf ihrem Grundstück zum Anlass genommen, sich passende Pflanzen zu suchen – genau die, die es nass mögen, und genau die, die Trockenheit tolerieren. Sie hat ideale Wachstumsbedingungen für ihre Pflanzenschätze aus aller Welt geschaffen. Für mich sehen sie so aus, als ob sie sich dort wohlfühlen und ihnen heimatlich zumute ist. Wenn ich die Ehre und Freude habe, mit Beth durch ihren Garten zu gehen, überrascht es nicht, dass sie mich im Vorbeigehen auf ihre proportionalen »Dreiecksverhältnisse« aufmerksam macht, die sie bei der Komposition ihrer Gartenbilder anwendet. *Ein-Klang* mit der Natur.

FANG AN MIT Vertraue Deinem ureigenen Gefühl. Überlege nicht lange. Wenn es sich harmonisch und gut anfühlt, ist es richtig. Möchtest Du Dich vergewissern, dann nimm einen Zollstock!

Harmonie
griech.: Übereinstimmung; richtiges Verhältnis, Zusammenwirken von Elementen zu einem in sich einstimmigen Ganzen; in psychologischer und ethischer Anwendung: Zusammenstimmen der Gefühle, Gesinnungen, Denkweisen, sowohl im Gemüt des Einzelnen, und dann Bedingung des inneren Friedens, als auch zwischen mehreren Menschen, die zueinander in Beziehung stehen.

Meyers Konversationslexikon, 1897

Überall such' ich Schönheit und Harmonie zu schaffen, und insbesondere Harmonie in Farben.

Gertrude Jekyll, 1907

Manchmal drehen sich Verhältnisse auch um. Wenn ein Baum zum Zeitpunkt des Pflanzens im Verhältnis ein Drittel so hoch war wie das Haus – könnte es eines Tages auch andersherum sein.

→ Farbe S. 115

Muster ordnen den Garten

Die Welt ist voller Muster – in allen Kulturkreisen formulieren Menschen Muster. Muster-Sprache. Kariert, gestreift, gepunktet, fischgrätartig, floral, persisch, maurisch, mäandernd, orientalisch, keltisch. Wiederholungen, Reihungen, Rhythmen, Ordnungen, Symmetrien, endlose Knoten, geometrische Muster, Zufallsmuster, chaotische Muster. Muster ordnen den Geist. Schicken ihn in eine Richtung.

Wenn ich reise, achte ich mit allergrößtem Vergnügen auf die mir begegnenden Muster. Die eine oder andere Musterkachel kommt dabei ins Gepäck. Ich zeichne Muster auf, erkenne dabei Logik und Aufbau. Gerne blättere ich in meinem »Musterbuch« und lasse mich inspirieren – und sei es nur, einen Apfelkuchen danach zu belegen.

Muster haben ihre Wirkung. Ein Ziegelweg, im Fischgrätmuster gelegt, gibt eine Laufrichtung an – kein ideales Muster für einen Ruheplatz. Muster beschwingen, beruhigen, konzentrieren, zerstreuen, verbinden, bewegen.

Labyrinth – in ein Muster hineingehen. Wir haben ein keltisches Pendellabyrinth mit Pflanzen gebaut. Es ist faszinierend, auf einer bekannten Fläche neue Wege zu gehen, neue Blickwinkel auf Bekanntes zu erhalten. Sich dem Ziel so nah zu wähnen und doch so weit entfernt zu sein. Dann wiederum sich so weit entfernt zu glauben und doch so nah zu sein. Das Labyrinth ist genial. Hin und her wandeln. Gedanken hin und her wandeln. Ich arbeite damit. Oft gehe ich mit einer Frage hinein. Im Herzen des Labyrinths hat die Frage dann meist eine Antwort gefunden. Beim Verlassen des Labyrinthes ist der Entschluss gefasst. Muster ordnen den Geist.

Sir Roy Strong hat in meinem Garten eine *Hommage to the Baroque* angelegt. Für sein ellipsenförmiges Beet wählte er ein frei schwingendes barockes Muster. In seiner Konzentration ist es an dieser Stelle ein überraschendes »statement«. Es verbindet als formaler Kontrast alle umliegenden anderen, »natürlich« angelegten Staudenbereiche miteinander.

Natürliche Muster
Damit das Verteilungsmuster von Blumenzwiebeln ein zufälliges, natürliches ist, stelle ich mich mit dem Rücken vor die zu bepflanzende Fläche und werfe die Zwiebeln hinter mich. So, wie sie gefallen sind, werden sie gesetzt.

FANG AN MIT Pflanze Dir einen geometrischen Gemüsegarten à la Villandry oder lege dir einen kleinen Knotengarten an. Überlege Dir ein persönliches Pflastermuster für den Hauseingang.

→ Wege S. 85
→ Küchengarten S. 105
→ Staudenrabatte S. 109

Gelände modellieren

Wie gehen wir mit vorgefundenen Verhältnissen um? Akzeptieren – dagegen ankämpfen – verstärken? Finden wir auf unserem Grundstück eine natürliche Geländeform vor – oder hat der Mensch eingegriffen?

Mein Urgroßvater hatte in die natürliche Topografie des Bergischen Landes die Idee der Felspartie behutsam hineinmodelliert. In meinem Garten wollte ich die Idee von verschiedenen Gartenräumen verwirklichen. Ich habe überlegt, wie sich das auf dem schräg geneigten Gelände, das mir zur Verfügung stand, verwirklichen ließe. Bei einem weinseligen Abend entwickelten zwei Freunde die tollkühne Idee, das Potential des Geländes zu nutzen und Terrassen zu bauen – und aus meinem gewünschten Mondspiegelwasserbecken zwei zu machen und diese mit einer Wasserrille à la Hestercombe zu verbinden.

Diese Vision gefiel mir. Wir begannen die Erde zu formen. Das Gelände wurde mit Mauern terrassiert, die Terrassen durch Treppen miteinander verbunden. Durch das Rauf und Runter ergeben sich neue Blickwinkel und Perspektiven. Der Garten ist von keiner Stelle aus ganz zu überblicken und bietet immer Überraschungen. Selbst wenn unser Gelände nur wenig Gefälle hat – ein Schritt hinauf oder hinunter schafft ein vollkommen neues Erlebnis. Genial einfach. Und es macht einen erstaunlich großen Unterschied – drinnen wie draußen. Es schafft Raum für eine neue Gartengeschichte.

Gleiches gilt für die Idee, einen Garten abzusenken. In einem Senk-Garten einsinken – mit den Pflanzen auf Augenhöhe sein – in Erde eingebettet sein – neue Einsicht nehmen. Der bewusste Moment, die Angelegenheit aus einer anderen Perspektive zu sehen. Abtauchen. Erheben.

Als es darum ging, den Garten der hilfreichen Freunde zu bauen, hatte ich immer das Gefühl, dass »die Energie aus dem Grundstück herausläuft.« Das Gelände hat an dieser Stelle ein starkes Gefälle. Mein Wunsch war es, einen »Panoramaweg durch die Staudenwelt« anzulegen. 15 Lkw-Ladungen Mutterboden haben das Gelände angehoben. Es machte viel Freude, Berg und Tal darin neu zu modellieren. Die Pflanzen haben es sich erobert, als ob nichts gewesen wär – sanft durchweht vom Odem der Natur.

FANG AN MIT Willst Du in Deinem Garten »abtauchen«, dann senke Dein Feierabendplätzchen um eine oder einige Stufe ab.

→ Ort S. 19
→ Anfang S. 23
→ Perspektivenwechsel S. 177
→ Ausblicke S. 179
→ Höhe S. 199

Felsen-Garten

»Schon 1902 hatte ich in der Nähe meines Wohnhauses einen größeren Felsengarten angelegt, um den Besuchern die Verwendung der dazugehörenden Kleinstauden und Felsgehölze vorführen zu können.« Georg Arends, 1951

Der Garten meiner Kindheit war die *Felspartie*. In meiner Kindergartenaugenhöhe war es ein grandioser Ort, mit verschlungenen, kleinen, zugewachsenen Wegen, Mäuerchen und Steinen. Unter jedem Stein ein Geheimnis. Ein unheimlicher, sumpfiger Teich und ein Bachlauf beflügelten meine Kinderfantasien. Die Felspartie war mein geheimer Garten.

In meiner Ausbildungszeit habe ich mich für alpine Pflanzen begeistert. Für mich war es sehr beeindruckend, *Androsace helvetica,* das Alpen-Mannsschild, auf 2000 m Höhe an exponierten Felskanten in den Schweizer Bergen zu entdecken. Faszinierend zu beobachten, wie alpine Steinbrech-Arten tatsächlich den Stein brechen, sich zwischen die Fugen schmiegen und den Stein neu modellieren – eins werden mit der Natur.

In England zog es mich bei Besuchen von botanischen Gärten immer ins Alpinum und in das dazugehörige *Alpine-House*. Zu altehrwürdigen Steinbrechpolstern in Tonschalen. 100 Jahre später finde ich Bilder mit diesen Motiven in unserem Archiv. Fotografien, die mein Urgroßvater 1912 anlässlich von Besuchen der englischen *Rockeries* und alpinen Gewächshäusern gemacht hat. Inspirationen für seine Felspartie in Ronsdorf.

Es ist interessant zu sehen, dass in England die alpine Steingartenflora nicht in Staudenbüchern enthalten ist. Stauden werden konsequent von Steingartenpflanzen getrennt. Steingarten und Alpinum sind ein eigener Pflanzenkosmos, zu dem es entsprechende Bücher und spezialisierte Gärtnereien gibt.

Es gibt viele Steingartenpflanzen, die im zeitigen Frühling blühen und die wir deshalb in unsere Staudenrabatten integrieren wollen. Ein Spagat. Einzelne Saxifraga da und dort am Rande der Rabatte sehen verloren aus. Wenn Frühling in den Rabatten – dann mit Hunderten Blumenzwiebeln. Auch der Sprung von einem Blaukissen bis zum Rittersporn in der Staudenrabatte ist gewagt. Daher ist es nützlich, diese zwei unterschiedlichen Pflanzenwelten bewusst zu betrachten und ihnen entsprechend gerecht zu werden. Mein Spaß am Vorfrühling der Steingartenflora gedeiht in und auf Natursteinmauern und im Topfgarten.

Mein Urgroßvater arbeitete 1886/87 in der Gärtnerei Perotti in Triest. *»Der Frühling und Sommer brachte dann bei Ausflügen in die nähere und weitere Umgebung allerlei Abwechslung. Mit meinem Freunde Wocke botanisierte ich fleißig. Eine reiche Flora bot uns viel Interessantes.«* (Georg Arends, 1886). Erich Wocke (1863–1941) war Spezialist für Alpenpflanzen. Mit seinen Büchern und seiner Arbeit zeichnete er für die Anlage zahl-

Steingarten
Gartenanlage mit Trockenmäuerchen, Steinen, Geröll und Kies für Pflanzen aus der Gebirgsflora oder trockenheitsresistente Pflanzen.

Alpinum
Alpengarten, spezieller Steingarten mit Schwerpunkt auf Alpenflora. Besteht zum größten Teil aus Steinen und Felsen.

Kiesgarten
Überwiegend mit Schotter und Kies angelegter Garten für Pflanzen, die steinige Böden lieben.

Rockery: engl. Steingarten.

Steinpartien
Gereichen in guter Ausführung und richtiger Bepflanzung jedem Garten zu hoher Zierde, während verpfuschte oder vernachlässigte Anlagen solcher Art zu Spott und Hohn förmlich herausfordern und den Garten verunzieren.
Die äußere Form der Anlage muss malerisch und der Natur nachgebildet sein. Als Unterbau genügt jeder feste Boden oder jede Schuttmasse. Für die unteren Schichten des Oberbaus müssen immer die mächtigsten Blöcke genommen werden, auf denen sich das eigentliche Gerippe aufbaut, Stein auf Stein, nach oben je nach Art des Materials in Rundkuppen oder in Zacken ausgehend. Jede Spalte muss mit Erde ausgefüttert und diese sorgfältig eingestopft werden.
Steinpartien im Schatten sind stets verfehlt. Fast alle Alpenpflanzen vertragen eher zu viel Sonne als etwas dichten Schatten.

Pareys Gartenlexikon, 1902

reicher alpiner Gartenanlagen verantwortlich. 1899–1929 war er im Schlosspark von Oliva bei Danzig tätig – Briefe aus dieser Zeit liegen ebenfalls in unserem Archiv. Die zwei leidenschaftlichen Gärtner liebten Alpenpflanzen und blieben zeitlebens in Kontakt. Und Georg nannte seinen erstgeborenen Sohn Erich.

Alpine Lieblinge

Georg Arends wollte in Ronsdorf mit seinen alpinen Lieblingen zusammen sein. Er ließ im steinigen Bergischen Land wagenweise Grauwackesteine herbeischaffen und modellierte eine Karstlandschaft à la Triest als Felsengarten – die Felspartie. Hügel, Felsen, Täler, Gebirgsbach und Teich. Vielfältige Standorte für seine alpine Pflanzensammlung. Hinter jedem Stein wohnte eine andere Pflanze. Mit Porzellanetiketten etikettiert, thronen sie als Schmuckstücke auf Mauerkronen, in Steinritzen und Fugen. Stundenlang kann ich mich an dem Anblick der kleinen Schätze erfreuen. Jeder Schritt im Garten ist ein Ereignis. Beim Anblick der Miniaturen lustwandelt die Gartenseele in alpinen Bergregionen. Erholsam.

»Der Reiz eines Steingartens liegt aber hauptsächlich in seiner Miniaturhaftigkeit. Wenn man wirklich Freude daraus schöpfen will, muss man sich auch selber verkleinern können; man muss zu einem Geschöpf zusammenschrumpfen, das imstande ist, im Geist zwischen den winzigen Steinbrechblüten umherzugehen und bei dem Anblick ihrer schweren Blütenlast vor Schrecken zu erbleichen, in der Phantasie die moosbewachsenen Steine zu erklimmen und auf ihren steilen Böschungen schwindelig zu werden. Darin liegt der Zauber der Steine.«

Beverly Nichols, 1932.

Primula megaseifolia

Cymbalaria hepaticifolia

Der Zauber der Steine. Bei Aufräumungsarbeiten im alten Gewächshaus fanden sich hinter einem Wasserfass Grauwackesteine. Wieso? Woher? In den 20er-Jahren wurde das Gewächshaus als Fotostudio genutzt. Wetterunabhängig arrangierte man auf einem Pflanztisch – im Hintergrund die Gewächshausmauer – kleine Gartenszenen. Die Pflanzen konnten zum besten Zeitpunkt optimal in Szene gesetzt werden – ideal für den Fotografen mit seiner Plattenkamera und Stativ. So entstanden Pflanzenporträts. Auf den Aufnahmen sind Steine zu sehen. Diese Steine? Ich betrachtete den Fund mit erkennenden Augen. Meine Fantasie erklimmt steile Felskanten und geschwungene Bergpfade. Ich bin Liliputaner. Eine Welt öffnet sich.

FANG AN MIT Wenn Dich alpine Pflanzen interessieren, ist der Bau einer Trockenmauer der Beginn einer Leidenschaft. Lege die Pflanzen direkt beim Setzen der Mauer zwischen die Steine und schaffe mit Kompost eine durchgehende Verbindung zum dahinterliegenden Erdreich. Dann wird die Pflanze mit Wasser versorgt und kann wachsen. Das alpine Kleinod *Saxifraga cotyledon* findet in einem Tontopf einen Platz auf der Fensterbank.

Typische Alpenpflanzen
Acantholimon glumaceum
Alyssum spinosum
Anacyclus depressus
Androsace sarmentosa
Anthyllis montana
Asplenium trichomanes
Campanula cochleariifolia
Campanula garganica
Dryas octopetala
Gentiana acaulis
Geranium dalmaticum
Globularia cordifolia
Gypsophila repens
Hutchinsia alpina
Leontopodium alpinum
Pulsatilla vulgaris
Ramonda myconii
Saponaria olivana
Saxifraga cotyledon
Saxifraga × zimmenteri
Soldanella montana

→ Pflanzen-Sammlungen S. 71
→ Perspektivenwechsel S. 177

Leontopodium alpinum

Saxifraga × elisabethae

Mein wilder Garten

1870 erschien das Buch »Wild gardening« von William Robinson. Es war eine Sensation und eine Gegenbewegung zu der in jener Zeit üblichen Pflanzenverwendung in formal angelegten Teppichbeeten mit stark überzüchteten Einjahrsblumen. Robinson wollte heimische Pflanzen und Wildformen von Pflanzen aus aller Welt in englischen Gärten beheimaten, sodass sie sich wohlfühlen und sich entsprechend ihrem Naturell entwickeln können. So entstanden Gärten, die der Natur nachempfunden waren.

Menschen suchen den Wilden Garten. Wild – zahm. Frei lebend. Ungezähmte Natur. Meine wilde Natur. Es gibt in der Gärtnerei im Herzen des Grundstücks eine alte Gartenlaube. Sie ist 2 × 4 m groß, der Fußboden mit alten Zementfliesen gelegt, die Wände farbig getüncht, die Südseite verglast. Stromanschluss. Ein Deckchair, ein Korb mit Wolldecken und Kissen. Wenn ich dort weile, fällt mein Blick in die Pflanzenwelt vor der Laube, in den Himmel, in die reine Natur.

Anfangs habe ich dort die Idee des Cottage-Gartens gesucht. Rosen gepflanzt. Dann zogen ein paar Lieblingstöpfe mit mir dorthin. Nur kurze Zeit. Weit und breit kein Wasseranschluss. Plötzlich hatte ich dort eine Verpflichtung. Ich musste dorthin, um zu gießen. Ich jedoch wollte dort sein, ohne etwas zu müssen. Ich habe das Stückchen Erde losgelassen – greife nicht mehr ein. Es ist mein Wilder Garten. Ich erfreue mich an seinem So-sein – Wildsein. Bin Gast und Beobachter. Es gefällt mir, wenn die Brombeerranken Besitz ergreifen, ich berühre auf dem Weg die Wildnis zum komfortablen Liegestuhl in der Laube. Die Wildnis beschützt den Ort. Die Wildnis beschützt mich. Keiner traut sich dorthin. Das gefällt mir.

FANG AN MIT Friede ein Stück Natur ein. Ein Geviert von 4 × 4 m, vielleicht geschützt durch einen Wassergraben oder einen Weg, der um das Stück herumführt. Ein ungezähmter Garten, den wir nicht berühren, der nach seinen eigenen Gesetzen wächst. In Ruhe gelassen. Das Wunder der Achtsamkeit leben.

Der Garten ist mein Schutz, meine Zufluchtsstätte, zu der es mich hinzieht, nicht das Haus… dort im Freien drängen sich auf Schritt und Tritt die Segnungen –… dort fühle ich mich geborgen und zu Hause, und jede Blume und jedes Unkraut ist ein guter Bekannter und jeder Baum ein Liebster.

Elisabeth von Arnim, 1898

Ein alter Garten ist immer beseelt. Der seelenloseste Garten braucht nur verwildern, um sich zu beseelen.

Hugo von Hofmannsthal (1874–1929)

→ Unkraut S. 43
→ Bäume S. 63
→ Lieblingsplatz S. 101
→ Perspektivenwechsel S. 177
→ Heilige Orte S. 195
→ Kinder S. 201

CORIANDER
CORIANDRUM SATIVUM

Gewächshaus-Exotik

Gewächshäuser gehören zu meinem Leben. Wundervoller Spielplatz, Rahmen für meine erste Kinder-Gärtnerei. Seitdem faszinieren mich Orangerien, Palmenhäuser, und Treibhäuser aller Art – auf der ganzen Welt. Die Pflanzenhäuser sind tollkühne, technische und architektonische Meisterleistungen. Entstanden aus der Herausforderung, Räume zu schaffen, in denen man sich die Sonnenenergie zu Nutze macht, um Wärme zu speichern und für das Wachstum von Pflanzen zu verwenden – entweder zum Vortreiben oder um kälteempfindliche Pflanzen aus anderen Klimazonen zu beheimaten. Ein winterlicher Spaziergang durch das Orchideenhaus oder frische Ananas aus dem Ananashaus zu servieren war vor über 100 Jahren eine Sensation! Zum afternoon-tea einzuladen, wenn die Victoria-Seerose blühte – ein gesellschaftliches Ereignis! Der Gärtner, der dies dank Heizen, Lüften und Düngen mit seinem grünen Daumen zustande brachte, war ein wichtiger Mann – der Head-gardener.

Wenn wir diese Pflanzenschauhäuser besuchen, ist es interessant darauf zu achten, dass die Pflanzen im Boden verwurzelt sind – und nicht nur in Töpfen gedeihen. Die Pflanzen sollten in den Glashäusern zu ihrer natürlichen Größe heranwachsen und man wollte den Eindruck genießen, tatsächlich in einem fernen Land zu sein. Im 19. Jahrhundert hatte man noch nicht die Möglichkeit, an grauen Wintertagen 'mal eben ins Grüne zu fliegen. So schuf man sich die Grüne Insel im Gewächshaus. Ferien jeden Tag.

Das Gewächshaus ist ein exzellenter Freiraum für eigene Wünsche und Träume. Ich selbst genieße die Möglichkeit, im Januar durch meine alten Treibhäuser im »Wintergarten« zu lustwandeln. Auch in unbeheizten Gewächshäusern findet die Gartenseele an den trübsten Tagen einen Lichtblick, ist das Gewächshaus Quell des Lebens. Dort sehne ich die ersten *Helleborus*- und Kamelienblüten herbei, und *Rosa* 'William Allan Richardson' schenkt mir im März die ersten Rosenblüten – ein wunderschönes Gefühl! Ein Gewächshaus tut gut.

FANG AN MIT Baue Dir ein Gewächshaus als Ortswechsel. Es kann ein Ort sein für Gartenwerkstatt, Büro, Klangraum oder um sich bei Wind und Wetter in den deck-chair zu legen und zu träumen. Genial finde ich ein Anlehngewächshaus – Exposition je nach Pflanzenwunsch. Errichte eine frei stehende Ziegelmauer, nutze sie innen wie außen als Möglichkeit für einen Arbeitsplatz, für ein Spalier, für Hängebretter, als Stauraum.

Greenhouse, Kulturhaus, Treibhaus
In funktionaler Bauform mit Sattel- oder Pultdach; findet sich meist im ummauerten Küchengarten. Das Haus wird meist nur im Winter beheizt, die Pflanzen beweglich auf Stellagen in Töpfen kultiviert. Die herangezogenen Pflanzen dienen dem Gemüsegarten, versorgen das Wohnhaus mit frischen Blumen und Topfpflanzenschmuck.

Conservatory, Erhaltungshaus, Jardin d'hiver
Hierhin wechseln die Pflanzen aus dem Greenhouse, wenn sie zu ausdrucksstarker Gestalt herangewachsen sind oder anfangen zu blühen. Die Pflanzen können entsprechend ihrer natürlichen Lebensgemeinschaft in die Erde gepflanzt werden.

Die Größe eines Gewächshauses spielt keine große Rolle – es wird grundsätzlich im November zu klein sein, wenn alle schutzsuchenden Pflanzen vor Dir stehen.

→ Gärtnern S. 25
→ Aussäen S. 33
→ Pflanzen-Sammlungen S. 71
→ Vermehrung S. 41
→ Klima S. 97
→ Wohnen im Garten S. 141

Kreative Topf-Gärten

Auf der kapverdischen Insel Fogo besuchte ich ein Haus aus der portugiesischen Kolonialzeit. Das Innere öffnet sich zu einem kühlen Patio. Begeistert von der Architektur, zieht es mich die morsche Treppe hoch. Auf der Empore: fünf stattliche Exemplare Bogenhanf. Bislang hatte ich diesen Pflanzen in meinem Leben keine Beachtung geschenkt. Auf Fogo änderte sich das. Die Pflanzen wachsen in aufgeschnittenen Kunststoff-Milchpulverkanistern aus deutscher Entwicklungshilfe. Unter dem Kanister steht jeweils ein weiterer leerer Kanister. So erhöht, sind die Pflanzen näher am Licht. Ein Topf-Garten. Auf Fogo gibt es kaum Wasser. Jeder Tropfen wird von irgendwoher auf dem Kopf herbeigetragen.

Töpfe machen Pflanzen beweglich. In Töpfen können wir für sie sorgen. Wir können ihnen eine Trockenzeit ermöglichen. Wir können ihnen mehr Wasser geben. Wir können sie optimal düngen. Wir können mit ihnen auf Augenhöhe sein. Mit Töpfen können Pflanzen vom Gewächshaus nach draußen wechseln.

Mit Pflanzen in Töpfen können wir Gärten schaffen, wo vorher keine Gärten waren – Blickpunkte setzen. In den *New York Community Gardens* kennt die Experimentierlust, Gemüse in Gefäßen aller Art heranzuziehen, keine Grenzen. Für mich ist es jedes Jahr ein wiederkehrendes Projekt, den Topfgarten vor meinem Wohnhaus neu zu erfinden. Mal stehen die Myrtentöpfe Spalier, mal bilden sie wolkige Gruppen. Mal erhellen den Hauseingang lauter Töpfe mit *Hakonechloa macra*, mal die Sammlung von *Hosta*. In einem Jahr habe ich Lust, im Mai alle leeren Töpfe mit *Francoa sonchifolia* 'Alba' zu bepflanzen, in einem anderen Jahr bleiben die Töpfe leer.

Wenn ich Töpfe bepflanze, setze ich meist nur eine Pflanzenart in einen Topf. Sie kann sich dann optimal entwickeln – es gibt keine Konkurrenz. Topf und Pflanze werden zum Gesamtkunstwerk. Manchmal nutze ich die Topfphase, um Solos für den Garten zu kultivieren – so bei den *Hostas*. Spätestens nach 3–4 Jahren ist der Topf zu eng. Ein glücklicher Moment, die Pflanze zu befreien. Die Lücke im Beet ist gefüllt. Der Topf ist frei für neue Experimente.

FANG AN MIT Jahreszeitentopf. Ist in Deinem Garten kein Platz für einen Frühlingsgarten, dann konzentriere Dich auf einen einzelnen Frühlingspunkt – einem Topf gefüllt mit Dutzenden Tulpen! Überlege Dir für jede Jahreszeit eine Pflanze, die diese verkörpert.

Töpfe in der Sonne
Calamintha, Lavendel, *Erigeron* 'Blütenmeer', *Artemisia schmidtiana* 'Nana', *Bergenia*, *Aster* 'Snowflurry', *Gaura*, *Hydrangea* 'Preziosa', *Lewisia*, Rosmarin, *Heuchera*.

Töpfe im Schatten
Hosta, Farne, *Francoa*, *Alchemilla*, Astilben, *Hakonechloa*, *Primula auricula*, *Saxifraga cotyledon*, *Fuchsia gracilis*, *Rodgersia*, *Saxifraga* 'Elliott's'.

Long Toms
Schmale, lang gezogene Topfform, die in England in viktorianischen Zeiten von Hand gedreht wurde. Jeder Topf ist ein Unikat – ideal für alpine Pflanzen, ein Aurikel-Theater, für Sukkulenten, die einen tiefen Wurzelraum schätzen. Letztere sind es von Natur aus gewohnt, sich zwischen Steinfugen ihren Weg zu bahnen; die Enge der Töpfe ist für sie daher nützlich.

→ Gärtnern S. 25
→ Blumenzwiebel S. 69
→ Pflanzen-Sammlungen S. 71
→ Blickpunkte S. 93
→ Gärten auf Zeit S. 173
→ Zufall S. 175
→ Kinder S. 201

Lieblinge im Garten

Lombardischer Löwe. Er brüllt mich an, wenn ich in den Garten komme. Löwe ist mein Sternzeichen. Manchmal brüllen wir zusammen. Das ist meine Geschichte. Der Löwe steht an dieser Stelle in meinem Garten nur für mich. In meinen Räumen, drinnen wie draußen, sind Dinge, die mir gefallen. Dinge, die für mich eine Rolle spielen. Dinge aus meinem Leben, die mein Leben erzählen. Dinge, die mir am Herzen liegen.

Manche Dinge bleiben liegen, andere »Dinge« bewegen sich – auf vier Pfoten, wie Franzi, meine feline Gartenfreundin. Es ist mein Privileg, sie bei ihren Gartenspaziergängen zu begleiten – neugierige Entdeckungsreisen für mich, so aufregend, wie ein wehendes Blatt sein kann. Frühlingsschwung, genüssliche Sommerräkeleien in Katzenminze, herbstliche Meditation über raschelndem Buchenlaub, Wintersonnenbäder im Gewächshaus – stets hat Franzi ein instinktives Gespür für die besten Plätze. Meinen sommerlichen Lieblingsliegestuhl habe ich schon aufgegeben …

In unseren Gärten kann der Traum vom Paradies – dem friedlichen Zusammenleben von Menschen, Pflanzen, Tieren – tatsächlich aufleben. Zur Verwirklichung dieser Idee finden wir in herrschaftlichen Gärten, dass sogar Menschen zum Inventar gehören können. Im 18. Jahrhundert wurde der englische Landschaftsgarten mit Bauern, Gärtnern, Mönchen oder Eremiten bevölkert. Sie lebten in dürftigen Einsiedeleien, Felsgrotten oder einfachen Katen. Beim morgendlichen Ausritt hielt man dort an. Belebt wurden die Gärten auch durch stolzierende Pfaue, heilige Karpfen, Schafe und Volieren mit seltenen Vögeln. Europäische Gärten sind bevölkert von Geistern der Geschichte à la Rousseau, Schiller und Goethe sowie von Gartenzwergen. An meinem Lieblingssitzplatz zwinkert mir Bacchus zu.

Während ich dies schrieb, hat Franzi uns verlassen …

Voll Seelenruhe
Ein allerliebstes Kätzchen
Im Fall der Blüten!

Mantarô (1889–1963)

FANG AN MIT Bau Dir eine Vogelscheuche, die Dich zum Lachen bringt. Sie kann Deinen Garten vor dem Haus bevölkern. Vielleicht bekommt sie Gesellschaft.

→ Anfang S. 23
→ Blickpunkte S. 93
→ Insel S. 181
→ Ferien S. 197

Temporäre Garten-Ideen

Von meinem Küchenfenster aus sah ich viele Jahre einen Wall aus rot blühendem Rhododendron. Eines Tages dachte ich, wie schön es doch wäre, dort auf Stauden zu blicken. Ich habe die Fläche gerodet. Freiraum. Eine amorphe Form. Und jetzt? Staudenrabatte, Kräutergarten, Kiesgarten?

Ich schenkte mir und dem Stück Erde zunächst Ruhe. Pause. Leerlauf.

Ich säte *Phacelia* aus. Es grünte. Im Spätsommer erblühte ein blaues Blütenmeer. Das war die Idee. Diese ruhige, homogene Fläche verband die umliegenden Häuser und Strukturen harmonisch und selbstverständlich optisch miteinander. Danke. Glück des Leerlaufs. Mit dem blauen Blütenmeer kam die Idee. *Lake Orion*. 120 *Geranium* 'Orion' bekamen den Auftrag zur Umsetzung, sie werden im Frühsommer von Hunderten *Camassia leichtlinii* 'Caerulea' verstärkt. Im Oktober erstrahlen im *Lake Orion* goldene *Molinia*-'Windspiel'-Fontänen.

Garten für ein Jahr – eine befreiende Idee. Ausprobieren, mutig sein, Neues kennenlernen, ein Gefühl für den Ort bekommen, abenteuerlustig sein, entspannt sein, gelassen sein, Zeit haben. In meinem Gemüsegarten finde ich jedes Jahr Raum für Einjahresgeschichten. Konstruiere temporäre Klettergärten für Wicken, spanne Seile für Trichterwinden und *Ipomoea lobata,* habe Lust auf Dahlien oder ein Feld mit Montbretien und Kapuzinerkresse. An anderer Stelle habe ich ein altes Wasserbecken mit Erde aufgefüllt – auf 2 × 15 m gibt es jedes Jahr zwei Gartengeschichten: ein Blumenzwiebeltheater für den Frühling und ein Sommerlustspiel.

Garten für einen Tag. Es macht mir Freude, aus dem mobilen Topfgarten-Archiv mal eben eine Engelshaartreppe zu stellen, ein Begrüßungsspalier mit *Cimicifuga* 'Brunette' oder *Hosta*-Geschichten zusammenzustellen. Gärten dort zu schaffen, wo sonst kein Garten ist.

Gärten für einen Moment. In großen Wasserschalen lasse ich Blüten frei schwimmen – oder arrangiere mit ihnen geometrische Muster.

In der ersten Wonne darüber, einen eigenen Garten ganz für mich allein zu haben, und in meiner brennenden Ungeduld, die öden Flecken Land rosig erblühen zu lassen, … schlich ich mit einem Spaten und einer Harke hinaus und hob fieberhaft ein kleines Stück Boden aus, wühlte die Erde um und säte heimlich Prunkwinden.

***Elisabeth von Arnim,* 1898**

FANG AN MIT Wenn Du nicht weiterweißt, keine Idee hast, säe ein Feld mit Sonnenblumen, *Phacelia*, Lupinen oder Kapuzinerkresse – vielleicht noch ein einfacher rot angestrichener Zaun mit einem Schild «Mein Garten für ein Jahr«. Experimentiere mit einjährigen Sommerschönheiten wie *Gaura lindheimeri*, *Stipa tenuissima*, *Verbena bonariensis* oder *Salvia uliginosa* – lass Dich überraschen. Viel Vergnügen!

→ Aussäen S. 33
→ Wilder Garten S. 165
→ Zufall S. 175
→ Kinder S. 201

Überraschungen

Schon Tausend Mal bin ich am Karrenschuppen vorbeigegangen. Doch einen Augenblick! Hallo, du bist ja bezaubernd. *Welcome!* Woher? Warum genau dort?

An keiner Stelle in der Gärtnerei gedeiht Klee. Möge er Glück über die Schwelle bringen. So kunstvoll hineingeschmiegelt, hätten wir ihn nicht pflanzen können. Und auf diese Idee muss man erst einmal kommen – eine grüne Sauerkleefuge. Perfekte Höhe, guter Farbkontrast. Ein herzerfrischender Zufall am Morgen, zufällig beleuchtet.

Mir gefällt der Moment, wenn sich die Natur unsere von Menschenhand geschaffene Ordnung zurückerobert. Die Kontrolle verlieren. Das Spiel zwischen Ordnung und Chaos. Die Einladung zu diesem Spiel heißt Gelassenheit. Nicht ordentlich fegen. Neugierig sein. Beobachten. Die Natur machen lassen, was sie will.

Erstaunlich, an welchen Stellen Leben überall sprießt! Grün ist Leben.

Einen Sitzplatz haben wir mit quadratischen 30 × 30 cm-Betonplatten neu gelegt, von meinem Opa selbst hergestellt. Einfache, gleich große, graue Quadrate. Im November blicke ich aus dem Fenster – und das erstaunte Auge sieht plötzlich in den braunen Farbtönen des Herbstmorgenlichtes ein quietschgrünes Schachbrettmuster. Gelungen!

Spurensuche. Opas individuelle Betonplatten? Einige Betonplatten haben eine andere Materialmischung. Eine raue Oberfläche, die Moos einlädt. Mir ist es ein Rätsel, woher das Moos eigentlich kommt – über Nacht ist es da. Sobald im Frühling die Sonne stark genug ist, verbrennt es. Es bleibt die Vorfreude auf kühl-feuchte Schachbretttage.

FANG AN MIT Samen stehen lassen, unordentlich sein, neugierig sein, Pflasterfugen sich selbst überlassen und nicht frei kratzen.

→ Aussäen S. 33
→ Vermehrung S. 41
→ Kombinationen S. 113
→ Gärtnern à la Monet S. 129

Die Perspektive ändern

Das Ungeliebte – zum Geliebten machen. Annehmen – akzeptieren – integrieren. Darin liegt unser größtes Entwicklungspotential. Es ist ein interessantes Vergnügen, Dinge, die uns zunächst stören, die sich aber nicht ändern lassen – zum Schönsten zu erklären. Ein Arbeitsraum in unserer Gärtnerei – der sogenannte Vorraum – ist von vielen technischen Gegebenheiten geprägt. Nach Jahrzehnten haben wir ihn mit englischen Farben zum schönsten Raum gemacht. Cinderella. Ein neues Raumgefühl. Das Eine zieht das Andere nach sich.

In Hestercombe Garden, entworfen von Gertrude Jekyll und Sir Edwin Lutyens, liegt der sogenannte *Dutch Garden*. Eine steile Treppe führt in den Himmel. Dort findet sich eine Gartenterrasse mit einem fantastischen Ausblick auf die Landschaft. Überraschenderweise ist die eine Seite des Gartens ein Ziegeldach. Es stellt sich heraus, dass an dieser Stelle auf dem Grundstück Bauschutt und Abfälle gelagert wurden. Als man den Garten neu anlegte, hatte man, anstelle den Schutt wegzuräumen, die Situation als Ausgangspunkt einer einzigartigen Idee genommen: Der Schuttberg – in Anlehnung an ein Lagergebäude – wurde bis auf die Höhe des Daches weiter erhöht. Dadurch ergibt sich eine außergewöhnliche Situation mit einer dachgartenähnlichen Atmosphäre. Und ein Garten mit einer eigenen mediterranen Pflanzenauswahl. Eine ziemlich geniale Lösung für dieses Problem.

Neue Perspektiven eröffnen. Für einen Perspektivenwechsel habe ich an einem mir wichtigen Punkt eine große Steinplatte legen lassen. 15 cm hoch. Wenn ich meinen Blick erfrischen will, gehe ich dorthin – ein Schritt nach oben, einen neuen Standpunkt einnehmen, neue Einsichten gewinnen.

Der Feierabendgarten hingegen dient zum »Herunterkommen« – eine Stufe hinunter. In der Gärtnerei steht unter einer Buche eine wunderschöne Kinderbank. Dieser Einladung folgen meist *Gardening Gentlemen* – die Perspektive wechseln, abschalten, auch das *mobile phone*. Im Septemberbeet sitze ich am liebsten mit einem dicken Kissen im kleinen Grassalon. Eine einnehmende Perspektive. Plötzlich mit *Scabiosa alpina* auf Augenhöhe. Stundenlang kann ich dort sitzen, den Blumen in die Augen schauen. Herrlicher kreativer Leerlauf-Ort.

FANG AN MIT Bevor Du von Deiner Terrasse auf die Garagenrückwand des Nachbarn schaust, kannst Du Deinen Standpunkt wechseln. Ziehe mit dem Sitzplatz zum »Feind« an die Grenze. Streiche die Garagenrückwand farbig und verwende sie als Rückwand für den neuen Lieblingsplatz – von dem aus Du endlich Dein Haus siehst und nicht mehr die Wand des Nachbarn. Der wiederum Dich nicht mehr auf Deiner Terrasse sehen kann. Wenn Dir im Haus ein Blick in Deinen Garten fehlt, stell' das Sofa oder den Sessel um.

→ Gelände formen S. 159
→ Steingarten S. 161
→ Ausblicke S. 179
→ Höhe S. 199
→ Kinder S. 201

Aussichten und Ausblicke

Borrowed Landscape. Befindet sich außerhalb unseres Gartens etwas, auf das wir gerne schauen – dann können wir uns die Aussicht darauf leihen. Wenn wir unsere Gärten planen, ist es interessant, aus dem eigenen Kosmos heraus Aussichten, Aussichtspunkte einzuplanen. Es ist ein gutes Gefühl, hoch zu steigen, sich zu erheben und die eigene Welt zu erblicken. Blickachsen in die Unendlichkeit – die Aussicht auf den fernen Wasserturm.

Interessant sind Aussichten, wenn sie sich überraschend im Vorbeigehen öffnen – den Augen-Blick zelebrieren. Wir gehen an einer Hecke oder Mauer vorbei – plötzlich öffnet sie sich zu einem Spalt, einem »Schlitz im Kleid«. Einen Augenblick lang haben wir einen großartigen Ausblick – er wird unvergesslich. Freude auf das nächste Mal.

Blickachsen verbinden uns mit unendlicher Weite. Ich leihe mir täglich die Aussichten auf die Linden an der nördlichen Grenze der Gärtnerei. Stille meine Sehnsucht nach einer Baumallee. Die Lindenallee, die seit Jahrzehnten sich selbst überlassen ist – und nirgendwo hinführt. Ich bin mit ihr verbunden. Sie ist Kulisse für meinen Garten.

Kleine Neugierde – ich liebe die Idee, die ich auf einer alten Architekturzeichnung fand. Gemeint war ein überdachter Aussichtspavillon, der die Grundstücksecke bildete – mit Ellipsen als Fensteröffnungen und Blick auf die Strasse. Perfekt! Wir sind neugierig. Wir schauen liebend gerne dem Leben der Anderen zu – ohne selbst gesehen zu werden. Wie entspannend! Welche Aussichten! Aussicht für Einsicht. Die Gedanken mit der Unendlichkeit, mit Weite und Freiheit zu verbinden – göttlich.

FANG AN MIT Suche mit Deinem Auge einen markanten Punkt, der außerhalb eines Gartens liegt: Baum, Gebäude, Hügel, Berg, Wäldchen, Kirchturm, See, Kapelle. Suche den Punkt in Deinem Garten, von dem aus Du diesen fernen Blickpunkt ins Auge fassen kannst – und spiele mit der Idee, diese Aussicht bewusst in deinen Garten einzuplanen.

Die Geschichte der Kleinen Neugierde beginnt im Jahre 1796, als im Zuge der Umgestaltung des Gutes Glienicke in einen Park im englischen Stil ein kleines Gartenhäuschen errichtet wird. Dieses Gartenhäuschen lässt *Schinkel* im Jahr 1825 zu einem klassizistischen Aussichtspavillon bzw. Teehäuschen umbauen. Von hier aus beobachten Prinz Karl und seine Gemahlin sowie ihre gelegentlichen Gäste oft interessiert das geschäftige Leben und Treiben auf der Straße nach Potsdam. Aus diesem Grunde erhält das Gebäude bald den Namen Kleine Neugierde.

→ Grenzen S. 87
→ Blickpunkte S. 93
→ Perspektivenwechsel S. 177

Kein Zutritt

Private Inseln

Ferieninsel. Auf dem Weg zur Insel lassen wir das Festland hinter uns. Per Schiff, Fähre, Flugzeug, Bahndamm oder Brücke erreichen wir das Eiland. Auf der Insel ist alles anders: Landschaft, Menschen, Architektur, Essen, Sprache, Kleidung, Farben, Zeit, Tempo, Kultur und Atmosphäre. Inseln haben ein eigenes Inselklima, eigene Inselflora und Inselfauna.

Mit unserem Lebensraum, der Wohnung, dem Haus mit Garten, schaffen wir uns unsere Inseln. Und darin Bücherinseln, Kochinseln, Lichtinseln, Liebesinseln, Badeinseln, Kunstinseln, Naturinseln, Kinderinseln, Bauminseln, Blumeninseln, Zeitinseln, Roseninsel, Insel der Seligen – Avalon. Der Moment des Übergangs vom Meer auf die Insel – der Wechsel – die Ufergestaltung – der Eingang –, dies sind Einladungen, auf unsere Garteninsel zu kommen.

Mein Ort, Montjoie, ist meine Insel. Eine Insel mit Tagesbesuchern.

Vom umgebenden Festland aus gibt es einen Anleger auf den Hügel, den Fahrweg. Der Fahrweg hat eine holprige Asphaltoberfläche mit einigen Schlaglöchern. Ankommen, Moment der Entschleunigung. Von dort aus geht es auf unterschiedlichen Oberflächen weiter: Kies, Natursteinpflaster, alte bemooste Ziegelflächen, Betonplatten, Erde. Unebenheiten, Versatzstücke und Bruchstellen. Jedem ankommenden Inselbesucher ist bewusst, dass jeder Schritt ein achtsamer sein muss. Das Gehirn ist wach. Wäre der Fahrweg eine moderne Zufahrt, während die übrigen Wege jedoch uneben bleiben, gäbe es Sollbruchstellen.

Auf meiner Insel stehen alte bergische Häuser, die Villa Wellblech, farbige Gemäuer, Gewächshäuser und Frühbeetkästen. Flora und Fauna sind vielfältig. Gärtner gärtnern. Es ist ruhig. Beim Erkunden der Insel finden wir Ruheplätze, Picknickplätze. Im Café gibt es englische Scones. Wir sprechen die Blumensprache. Abends wird der Anleger geschlossen. Abgeschiedenheit. Allein sein. Insulaner sein.

Ein Freund in England rast jeden Freitagabend von London aus durch ein Automeer zu seinem *house in the country side*. Im Dunkel der Nacht öffnet sich von Zauberhand das Gartentor. Aussteigen. Schotterrasen. Die Haustür öffnet sich. Hoppla, *surprise*. Da fehlen Ziegelsteine im Eingangsflur! Er ist sofort im Hier und Jetzt auf seiner Insel angekommen. Genial.

Insel
lat. *insula*, ringsum von Wasser umschlossener Teil der festen Erdoberfläche.

Inselflora
die Gesamtheit der auf Inselgebieten einheimischen Pflanzenarten.

Inselfauna
die Gesamtheit der auf den Inseln lebenden Tierwelt.

Ein einsames Plätzchen auf wasserumfluteter und bebuschter Insel, oder der ferne Anblick jener schwimmenden Laubgewölbe auf ihrem kristallnen Grunde zieht viel mehr an als alle Pracht, die das trockene Land darbieten kann. Auch diesen Genuss man sich also zu verschaffen suchen.

Fürst von Pückler-Muskau (1785–1871)

FANG AN MIT Entspannt es Dich, vom Schiff aus über einen Holzsteg ans Ufer zu gelangen, dann mach das zu Deinem Nachhauseweg. Anlanden am Parkplatz, zum Haus ein erhöhter Holzsteg, der über eine Wasserfläche führt – ein Meer von Blättern und Blüten oder über eine Sanddüne. Du kommst auf dem Steg an, lässt die Beine baumeln und trinkst einen Begrüßungscocktail. Die Schiffsglocke läutet zum Empfang. Isola Bella.

→ Farbe S. 115
→ Wohnen im Garten S. 141
→ Gewächshaus S. 167
→ Lieblinge S. 171
→ Kinder S. 201

Den Garten fühlen

Über unsere Haut stehen wir in direktem Kontakt mit unserer Umgebung. Den Elementen ausgesetzt, spüren wir Wind, Wärme, Kälte und die Zärtlichkeit einer Berührung. Das Wohlfühl-Gefühl ist für jeden anders – es hat mit unserer Wahrnehmung und unserer persönlichen Geschichte zu tun. Das Wunder der Achtsamkeit.

Ich bin im Garten aufgewachsen und hatte meine Hände immer in der Erde! Das Benutzen von Handschuhen ist mir fremd, mit ihnen fehlt mir das Fingerspitzengefühl. Selbst wenn ich an das Wohlgefühl sauberer Hände denke, vergesse ich doch immer, Handschuhe zu benutzen. Ich liebe meine Gartenstiefel.

Mit maßgefertigten Schuhen kann ich über Stock und Stein gehen – muss mir keine Gedanken machen. Bei meiner Sonntags- oder Feierabendgärtnerei bin ich hingegen gerne barfuß unterwegs. Dann wird jeder Schritt zu einem einmaligen Ereignis! Es kommt mir so vor, als ob sich Mutter Erde auch über diesen Kontakt freut. Die Beete sowieso, da ich in ihnen weniger Trittspuren hinterlasse.

Die Welt der Pflanzen schenkt uns unendlich viele Einladungen, mit ihr in Kontakt zu treten. Viele Pflanzen laden zum Anfassen ein. Gerne habe ich einen Topf mit der feinen *Artemisia schmidtiana* 'Nana' auf einer Mauerecke stehen. In nervösen Momenten hilft mir dort das Handauflegen!

Das wollige Weich der »Lamm- oder Eselsohren« *(Stachys byzantina)* gefällt der Barfußgärtnerin! Entlang dem Weg vom Haus in die Gärtnerei steht ein Spalier von zwölf Hochzeitsmyrten. Mir ist es zu einem natürlichen Reflex geworden, mit den Händen darüberzustreichen – hinzu kommt der wohltuende aromatische Duft!

Auch auf dem Weg zu meiner Außendusche habe ich für die Sommermonate eine Streicheleinheit eingebaut. Auf den Treppenstufen stehen links und rechts große Töpfe mit Engelshaar. Im Laufe des Sommers rücke ich die Töpfe so nah zusammen, dass ich auf jeden Fall von den feinen Grashalmen berührt werden kann. Interessant ist es, zu beobachten, wie andere Menschen damit umgehen. Es ist schön, zu berühren und berührt zu werden!

FANG AN MIT Kinder lieben es, barfuß zu laufen! Schaffe zu Hause eine Ferieninsel Seriphos für Dich und Deine Familie. Ein kleines, unbeheiztes Gewächshaus, Sand, Steine, Muscheln und Strandgut hinein, vielleicht noch ein paar mediterrane Pflanzenschätze in Töpfen und einen Deckchair. So sorgt man für Ferien jeden Tag!

- ➜ Werkzeug S. 27
- ➜ Umgraben S. 29
- ➜ Kompost S. 31
- ➜ Vermehrung S. 41
- ➜ Gräser S. 67
- ➜ Zwischen drinnen und draußen S. 103
- ➜ Morgen S. 135
- ➜ Abend S. 139
- ➜ Wohnen im Garten S. 141
- ➜ Sommer S. 145
- ➜ Harmonie S. 155
- ➜ Ferien S. 197

Garten-Duft

Jeden Morgen zünde ich draußen Sandelholz-Räucherstäbchen an. Es riecht gut. Zarte Duftwölkchen steigen empor – vertreiben sich mit dem Wind. Begegnen mir im Garten. Manchmal sehe ich ein Rotkehlchen, das sich genau in die Duftwolke setzt. Gartenduftreisen, wenn im Sommer die Rosen in den Bäumen blühen – zarte rosa 'Paul's Himalayan Musk'-Duftwolken durch die Lüfte ziehen.

Entlang meinen Abendwegen durch den Garten gibt es Duftecken mit Nachtviolen. Wenn ich mich tagsüber erfrischen will, lege ich meine Hände auf Teppichkamille oder streiche durch Vervaine-Kraut – köstlich. Und zum Wachwerden: *Artemisia.*

Seit Jahren begleitet mich eine englische Duftgeranie, 'L' Litta'. Sie verbringt den Sommer auf einem Tisch vor dem Wohnhaus – eine Einladung, an ihr zu schnuppern. Das Lavendelfeld lädt zum Lavendelbaden ein: eintauchen, die Reihen rauf und runter wandeln – herrlich. In den November passt der Duft von Chrysanthemenlaub. Und im Januar erfüllt Duftjasmin das Gewächshaus mit Sommerlaune.

Schön, wenn wir zur Begrüßung im Garten in einer Duftwolke stehen, die mit uns in Nasenhöhe flirtet. Gertrude Jekyll hatte die Möglichkeit, im milden englischen Klima an Eingängen immergrüne Myrtensträucher *(Myrtus communis)* zu pflanzen. Die Myrte wächst in die Öffnung hinein, sodass man beim Hindurchschreiten in einer aromatischen Duftwolke steht. Ein Traum!

Jeder hat einen anderen Duft in der Nase, ist empfänglich für Düfte. Sie rufen Erinnerungen, Stimmungen wach. Düfte tun gut – erfrischen, beleben, beruhigen, entspannen, vitalisieren, inspirieren, aphrodisieren. Düfte öffnen geheime Türen. Düfte locken. Düfte wehren ab. Manchmal stinkt es.

Der Garten ist voller Duftspuren. Erde, Kompost, Fäulnis, Verwesung. Duft strömt uns entgegen oder Duft entfaltet sich, wenn wir mit der Natur in Berührung kommen. Immer der Nase nach.

PS: Jürgen Dahl kultivierte einen Stinkgarten.

Vom Blütenduft überwältigt zu werden ist eine lustvolle Niederlage.

Beverly Nichols, 1932

Meine Schwester, liebe Braut, du bist ein verschlossener Garten, eine verschlossene Quelle, ein versiegelter Born.
Deine Gewächse sind wie ein Lustgarten von Granatäpfeln, mit allen edlen Früchten, Zyperblumen mit Narden, Narde und Safran, Kalmus und Zimt, mit allerlei Bäumen des Weihrauchs, Myrrhen und Aloe mit allerbesten Würzen … Stehe auf, Nordwind, und komm, Südwind, und wehe durch meinen Garten, daß seine Düfte strömen.

Hohes Lied 4, Vers 12–16

FANG AN MIT Möchtest Du in Duftwolken von Lavendel, Salbei und Rosmarin eintauchen, dann leg' eine Duftspur durch den Garten. Ein schmaler gepflasterter Weg, links und rechts davon aufgereiht Düfte Deiner Wahl. Lass die Pflanzen in den Weg hineinwachsen, sodass Du im Vorbeigehen damit in Kontakt kommst. Tut Dir das gut, dann misch' Dir mit Rosmarin & Co. Deine Winterduftwolke im Gewächshaus. Vorsicht: nicht zu viele Wohlgerüche auf einmal kombinieren.

➜ Kompost S. 31
➜ Blüten S. 59
➜ Grenzen S. 87
➜ Abend S. 139
➜ Winter S. 149
➜ Gewächshaus S. 167
➜ Insel S. 181

Natur-Klang

Im Einklang sein. Es gibt Tage im Herbst und Frühling, da fühle ich: Es ist so weit. So wie heute. Plötzlich höre ich es – das vertraute Geräusch der Kraniche auf ihrem Weg. Es fasziniert mich immer wieder, ihnen zuzuschauen und zuzuhören. Freude und Ehre. Seit ich mich erinnern kann, fliegen sie mit ihren großen Vs über die »blumige Höh'«. Ich grüße sie. Ihnen folgt meine fern-sehn-süchtige Seele. Ich träume davon, sie mögen einmal hier landen.

Ein anderer Freund, auf den ich höre, ist der Falke, der mit seinen Rufen über der Gärtnerei kreist – ich wünsche mir, ich würde sehen, was er sieht.

Bei einer Reise in den sommerlichen Süden habe ich die endlosen Melodien der Heuschrecken kennengelernt. Gewünscht habe ich mir das auch für meinen Garten. Seit ein paar Jahren folgen sie meiner Einladung und konzertieren hier. Es ist ein Geschenk des Himmels, ihnen zu lauschen. Mit meinen Pflanzen habe ich sie in die Nähe des Hauses gelockt. Ich liebe es, mit ihrem Gezirpe einzuschlafen. Ruhe zu suchen.

Mein Urgroßvater hat in seiner Felspartie einen Gebirgsbachlauf eingebaut. Das Wasser tritt unter einem Stein hervor und läuft über Steinstufen sanft murmelnd durch den Garten. Wenn ich auf einem Stein am Wasserufer verweile, die Augen schließe, dem Wasser lausche, reisen meine Gedanken. Klangvoll. Lautlos. Ferien jeden Tag. Wünsche ich mehr Wasserklang, gibt es an anderer Stelle einen Wassereinlauf, der sich aus vielen alten Wasserhähnen zusammensetzt. Je nach Lust und Laune werden die Hähne aufgedreht – gestimmte Wassermusik.

Mein Garten wird aus allen Himmelsrichtungen, Tag und Nacht, aus vielen Quellen mit Klang erfüllt. Manches geschieht zufällig, anderes ist inszeniert. Die Glockenschläge des Kirchturms geben mir Orientierung. Manches verstärke oder dämpfe ich, manche Geräusche lade ich ein. Es ist beschwingend, den Bäumen zuzuhören. Alle Baumwipfel haben einen anderen Klang. Wenn es stürmt, zieht es mich unter die Schwarzkiefer, und im Herbst stimmen Abertausende von Blättern der Blutbuche im Wind eine rauschende Herbstsymphonie an.

Im Vorbeigehen nehme ich den Klang einer meiner Windspiele auf. Manchmal stört mich das. Dann gibt es eine Klangpause.

Als ich emporsah,
Der Flügelschlag von Gänsen
So sanft und langsam.

Toshio (1900–1977)

FANG AN MIT Möchtest Du die Geräusche aus der Nachbarschaft übertönen, dann hilft plätscherndes Wasser. Liebst Du den Gesang der Vögel, dann lade sie mit Nahrung und Vogelhäusern ein.

→ Wasser S. 39
→ Abend S. 139
→ Herbst S. 147
→ Regen S. 191

MONCLER

Regen bringt Segen

Ich bin im niederschlagsreichen Bergischen Land zu Hause, und es zieht mich bisweilen in trockenere Regionen der Erde. Nach ein paar Reisewochen auf den Kapverden, in Rajasthan und im Norden Namibias weiß ich um die Worte »Regen bringt Segen«. Die Niederschlagsmenge bestimmt die Vegetation und die Fruchtbarkeit eines Landes. Für alle Möglichkeiten hat sich die Natur mit einer faszinierenden Vielfalt an Überlebensstrategien ausgestattet. In Landschaftsräumen mit langen Trockenzeiten ist es ein Fest, wenn der erste Regen fällt. Man tanzt im Regen aus Dankbarkeit und Freude über das lebenspendende Wasser und das kommende Wachstum. Kinder springen gerne in Regenpfützen. Der Regenmacher ist ein wichtiger Mann. Alle Menschen, die ein Stück Land bewirtschaften, um von der Ernte zu leben, sind vom Niederschlag abhängig. Wir vergessen das leicht.

Seit ich denken kann, steht in unserer Gärtnerei ein Regenmesser, der montags kontrolliert wird. Glückliche Momente im Mairegen und im Sommer, wenn nach Trockenphasen ein erfrischender Regen fällt! Dann genieße ich den dampfigen Geruch des alten Asphaltweges in der Gärtnerei und natürlich auch den Duft feuchter Erde.

Ich liebe *rainwalks*. Sie sind meine liebsten Gartenrundgänge, bei denen mir *I'm singing in the rain, just singing in the rain, what a glorious feeling and I'm happy again* durch den Sinn geht und mich froh und heiter stimmt. Ich kann den Pflanzen zuschauen, wie sich ihre Zellen mit Wasser füllen und sie sich erfrischt aufrichten – herrlich.

Es gibt Pflanzen, denen Regen gut steht. Etwa wenn sich die Tropfen auf den Blättern des Frauenmantels sammeln oder in den Blüten der Astilben fangen. Genial sind die erkennbaren Strategien von Mammutblatt, Schaublatt & Co., mit ihren riesigen Blatt-Tellern Wasser zu sammeln und in ihren gefurchten Blattstielen an ihre Wurzeln zu lenken.

Ich liebe die Stille und Ruhe des Gartens. Dem Regen lausche ich, wenn ich im Gewächshaus bin oder unter einem Baumdach stehe – *raindrops are falling on my head*… Vor allem liebe ich es, im Regen draußen zu sein – weil ich dann meist alleine, in aller Ruhe, im Garten sein kann.

FANG AN MIT Mein Kollege Arne Maynard hat für Kunden, die aus Marokko nach London gezogen sind, ein Wasserspiel im Garten eingebaut, das nur bei Regen funktioniert. Seitdem freut sich diese Familie auf Regen. Ersinne Möglichkeiten, Pfützen und Rinnsale in den Garten »einzubauen«, die sich nur bei Regen zeigen!

Im Frühlingsregen
Geschichten sich erzählend
gehen Schirm und Mantel.

Yosa (1716–1783)

Am kahlen Astwerk
vom ersten Frühlingsregen
die runden Perlen

Takahama (1874–1959)

Du, Schleiereule,
nun glätte das Gesicht Dir
im Frühlingsregen!

Kobayashi (1763–1828)

→ Wasser S. 39
→ Ernten S. 47
→ Klänge S. 189

Magisches Feuer

Feuerball – Sonne. Sie macht das Leben auf der Erde möglich. Eine Urkraft, die uns Wärme und Licht zum Wachsen schenkt. Sie bewegt die Gezeiten. Sie kreiert Jahreszeiten.

Feuer hat eine große Anziehungskraft. Feuer gehört zu den fünf Elementen. Feuer wärmt, Feuer erhellt, Feuer belebt. Stundenlang kann ich am Feuer sitzen, ins Feuer schauen, Gedanken verbrennen, Wünsche wünschen. Das Feuer ist eine Einladung zur Ruhe und zur Träumerei. Ein Moment der Transformation. Jedes Holz brennt anders, klingt anders, duftet anders. Auf die Glut lege ich gerne frischen oder getrockneten *Salvia officinalis*.

Heiliges Feuer. Licht in die Welt tragen. Osterfeuer. Maifeuer. Erntedankfeuer. Silvesterfeuer. An Mittsommer werden in vielen Kulturkreisen Freudenfeuer entfacht. An Mittwinter ist es Ritual, am Feuer zu sitzen und symbolisch Platz für das neue Jahr zu schaffen. Neue brennende Ziele ins Auge fassen. Feuer und Flamme zu sein. Empfangsbereit sein für Göttliche Funken.

Während einer Indienreise durfte ich folgendes erleben. Täglich kam ich an einem Haus mit davorliegendem Garten vorbei. Eines Tages stand mitten im Garten etwas, das mich in Form und Größe an einen Sarg erinnerte. So war es auch: Der Familienvater war gestorben. Er wurde in seinem Garten aufgebahrt und mit Blüten, Kräutern, Sandelholz und einer Lehmschicht umhüllt. Der älteste Sohn der Familie entzündete das Feuer. Abends war die Aschefläche mit frischen Blumen geschmückt. Zwei Tage brannten dort Kerzen. Am dritten Tag wurde genau an dieser Stelle eine Kokospalme gepflanzt. Ein Jahr später führte mich meine Reise wieder dorthin. Als ich ankam, suchte mein Blick als Erstes diesen Ort. In der Vielzahl ähnlicher Gebäude erkannte ich das Haus an der Kokospalme. Im Vorbeigehen grüßte ich den Unbekannten.

FANG AN MIT Pflanze eine Feuerland-Insel mit flammend roten Blüten: ein rundes Beet – in der Mitte *Phlox paniculata* 'Starfire', 'Orange' und 'Karminverläufer', dazu *Astilbe* 'Glut' und 'Feuer', ein paar Funken Klatschmohn sowie *Knautia macedonica* und *Scabiosa* 'Black Night'. Als Herbstfeuer wird das Ganze umfasst von einem Kranz züngelndroter *Panicum* 'Shenandoah'.

Feuer-Biologie
Das Feuer hat besonders in Regionen, in denen Busch- und Waldbrände regieren, Einfluss auf die Vegetation. Eine aktive Feueranpassung der Gewächse betrifft die Frucht- und Samenbiologie. Viele Pflanzen, zum Beispiel Vertreter der Gattung *Banksia*, geben ihre Früchte nur nach Feuereinwirkung frei; erst dann erreichen die Samen ihre volle Keimfähigkeit. Damit wird eine Verjüngung erst dann gewährleistet, wenn die Licht- und Wurzelkonkurrenz vermindert und der hinderliche Bestandsabfall in nährstoffreiche Asche umgewandelt wurde. So erhält sich die Natur selbst.

→ Lieblingsplatz S. 101
→ Heilige Orte S. 195
→ Kinder S. 201

Heilige Orte

Es zieht mich zu Heiligen Stätten in dieser Welt. Das können Heiligtümer, Kirchen, Bäume, Berge, Flüsse, Tempel oder Steine sein. Allen gemein ist eine magische Anziehungskraft. Sich diesen Stellen zu nähern, dort zu verweilen hat etwas Mystisches. Reinigen, klären, verändern, erneuern, verwurzeln, stärken, ehren, achten, bewahren. Diese Orte eröffnen neue Perspektiven und Horizonte. Es ist großartig, wenn wir mit unserer Intuition verbunden sind, uns leiten lassen können und auf »göttliche« Orte treffen, die uns guttun, zu denen wir uns hingezogen fühlen.

Im Wort *heilig* steckt das Wort *heil*. Im englischen *holy* (heilig) klingt auch das Wort *whole* (gesund, heil, unversehrt, ganz, ungeteilt) mit. Im Französischen liegen *saint* (heilig) und *sain* (gesund) nah beieinander. Das gefällt mir. Heil sein – ganz sein.

Meine heiligen Orte: Die 130 Jahre alte Blutbuche, die mein Urgroßvater pflanzte. Geistige Wurzeln, mein Ahnenbaum, mit dem ich innere Dialoge führen kann. Gerne mache ich dem Baum Geschenke. Mein Hausaltar: ein Stück *holy India* in Ronsdorf. Für mich ist es ein regelmäßiges Ritual, dort Räucherstäbchen anzuzünden. Mir Regen, Sonne, gute Ernten und Gesundheit zu wünschen. X-mal am Tag gehe ich dort vorbei. Und Abends, um einen Moment zu danken.

Es zieht mich oft an die höchste Stelle »meines Hügels«, von dem aus ein 360-Grad-Rundblick möglich ist. Dort liebe ich die Weite des Himmels und des Horizonts. Hier begrüße ich das neue Jahr mit einem Feuer. Sir Roy Strong erzählte mir von einem Architekten, der nach dem Bau einer Kathedrale gebeten wurde, diese zu signieren. An einer Stelle, an der man den Raum ganz erfassen konnte, ließ er eine Bodenplatte ein mit den Worten »LOOK AROUND«. Genial. Am nächsten Tag war der Stein beim Steinmetz in Auftrag gegeben. Jetzt liegt er an der mir heiligen Neujahrsstätte. Für mich ist »LOOK AROUND« ein Akupunkturpunkt, ein Kraftort – vielleicht auch für Mutter Erde. Göttlich.

FANG AN MIT Öffne Dich für besondere Plätze in Deinem Garten oder in der Natur. Sieh, wo es Dich hinzieht. Verliebe Dich in Deinen Ort. Übe Dankbarkeit. Genieße eine tiefe Vertrautheit und Verbundenheit. Küsse Mutter Erde.

Es gibt tausenderlei Arten, die Erde zu küssen.

Dschalalad-Din Rumi (1207–1273)

→ Ort S. 19
→ Anfang S. 23
→ Bäume S. 63
→ Wilder Garten S. 165
→ Feuer S. 193
→ Kinder S. 201

Ferien jeden Tag

Wie schön, wenn jeder Tag ein Ferientag ist! Es ist interessant herauszufinden, was mir in den Ferien, an dem Ort meiner Wahl, guttut. Sind es die Farben, ist es das Eintauchen in eine andere Kultur, das Barfußlaufen im Sand, das Im-Straßencafé-Sitzen oder einfach das In-der-Natur-Sein? Es ist inspirierend, zu reisen und Neues kennenzulernen. Und es ist wunderbar, diese Reiseerfahrungen in unserem Zuhause zu integrieren. Dinge, Erinnerungen, die uns guttun, um jeden Tag über ein Feriengefühl die eigene Balance zu finden.

Wir fotografieren in der Provence die Farben an den Häusern, finden Risse in der Wand und abbröckelnden Putz fotogen. Die Atmosphäre aus Lebensspuren und Patina tut uns gut. Zu Hause behagt uns diese Patina meist nicht. Von einer Reise in die Provence habe ich Pigmente mitgebracht und damit das Büro von außen getüncht. Provence jeden Tag in Ronsdorf! Gelungen. Das silbrige Laub des mediterranen Topfgartens mit Euphorbien, Spanischen Gänseblümchen und *Convolvulus* freut sich über den perfekten Farbkontrast. An grauen Tagen geht beim Anblick der warmen Rottöne die Sonne auf, die gefühlte Temperatur steigt – schließlich liegt in der Provence auch mal Schnee.

Gefällt mir die Farbenfülle des Orients, spricht nichts dagegen, in den eigenen vier Wänden darin einzutauchen – seien es »*Arabian Nights*« in der Gartenlaube oder die tropische Flora im Gewächshaus. In den Landschaftsparks des 18. und 19. Jahrhunderts haben sich Menschen in Parks und Gärten unterschiedliche Kulissen geschaffen – Grotten, Einsiedeleien, Tempel, Ruinen, Kapellen und Tiergärten. Wir vergessen, dass es damals nicht so selbstverständlich war, in die Ferne zu reisen. So ersann man Möglichkeiten, es sich im eigenen Zuhause angenehm zu machen – den inneren Garten zu kultivieren. In alten Gemäuern finden wir Grüne Salons, die an ihren Wänden mit Garten- und Landschaftsszenen ausgemalt sind – Granatapfel, Trichterwinden, Aurikeln und exotische Blumenschönheiten für graue Wintertage!

Welche Fülle, Lebensfreude und Lebensqualität! Ein Genuss, zuhause zu sein – auf einem Sofa, mit Buch und Musik – Ferien jeden Tag!

FANG AN MIT Nimm aus den Ferien Ideen, Dinge und Pflanzen mit, die Du in Deinem Zuhause einbauen kannst. In meiner Laube liegen Kacheln aus Portugal, Pigmente aus der Provence finden sich an den Wänden, in den Natursteinmauern liegen Steine aus den Alpen, ein paar gestrandete Muscheln an der Außendusche bringen den Atlantik mit, Terracotta-Töpfe sind schnell im Gepäck – und im Garten wachsen Mitbringsel, die sich Feriengeschichten erzählen.

→ Farbe S. 115
→ Gewächshaus S. 167
→ Topf-Garten S. 169
→ Lieblinge S. 171
→ Insel S. 181
→ Kinder S. 201

Auf Augenhöhe sein

Als Mitbringsel von der *Isle of Wight* begleitet mich ein exotisch anmutendes rotblättriges *Aeonium*. Es hat sich im Laufe der Jahre als skurrile Gestalt entwickelt. Auf langen, wackeligen Beinen sitzen die radial-symmetrischen Blattrosetten. Im Sommer zieht mein *Aeonium* vom Gewächshaus nach draußen. Damit das gute Stück Halt findet, ist es an der Dachrinne am Büroeingang platziert und blinzelt mir mit rotgrünen Augen zu. Auge in Auge. *Aeonium* zwinkert vielen Besuchern zu.

Im Juni liebe ich es, *Cephalaria gigantea* in die hellgelben Augen zu schauen. *Macleaya cordata,* der Federmohn, zieht meine Blicke magisch an. Überraschend ist im Herbst der Augenkontakt mit Silberkerzen oder das Flirten durch die *Molinia*-'Transparent'-Brille.

Eine der meistgestellten Fragen in Bezug auf Pflanzen ist: »Wie hoch wird die?« Wenn Pflanzen eine gewisse Höhe erreichen, dann, weil dies an ihrem natürlichen Standort eine Überlebensstrategie ist. Wenn Pflanzen zu solcher Höhe heranwachsen, dann sind sie von Natur aus so ausgestattet, dass sie sich selbst halten. Es ist faszinierend zu sehen, wie stabil und biegsam zugleich die Stiele sein können. Diese perfekten pflanzlichen Baupläne inspirieren Architekten. Warum nicht ein Alice-im-Wunderland-Garten? Wie viel intensiver sind die Eindrücke, insbesondere in einem kleinen Garten, an hohen schlanken Gartengestalten vorbeizukommen? Erhebend, an einem Spalier von *Thalictrum* 'Elin' vorbeizuschreiten.

Interessant und entspannend ist es, im Sommer auf einer Bergwiese zu liegen und sich umzuschauen. Beim Tagträumen durch die Grashalme mit der Tiefenschärfe zu spielen, Schmetterlinge und Bienen zu beobachten. Warum nicht im eigenen Garten ein Beobachtungsdeck schaffen – inmitten einer Wiese aus *Panicum* (Rutenhirse), *Echinacea* (Sonnenhut) und *Sanguisorba* (Wiesenknopf). Herrlich. Im Schwimmteich Seerosen bewundern und sich an Schilf und Blumenbinsen vorbeitreiben lassen. Mit Pflanzen auf Augenhöhe sein.

FANG AN MIT Möchtest Du den Pflanzen in die Augen schauen, Kontakt zu Pflanzen haben, dann setze sie in hohe Töpfe, pflanze sie auf Hochbeete, lasse sie ein Spalier erklimmen oder stell' sie Dir auf die Fensterbank oder den Gartentisch.

Kinder-Augenhöhe
Blumenfeste feiern mit Akelei, Glockenblume, Rosen, Tulpen, Narzissen, Frauenmantel, Gänseblümchen, Löwenzahn, Walderdbeere, Vergissmeinnicht und Kapuzinerkresse.

Erwachsenen-Augenhöhe
mit *Cephalaria gigantea*, *Molinia* 'Windspiel', *Molinia* 'Transparent', *Actaea racemosa*, *Actaea* 'Brunette', *Vernonia crinita*, *Macleaya cordata*, *Sanguisorba officinalis*, *Verbascum*, *Thalictrum* 'Elin', *Miscanthus*, *Digitalis*.

→ Gelände formen S. 159
→ Topf-Garten S. 169

Mit Kindern im Garten

Kindern gelingt alles. Paula wird Gärtnerin. Liebevoll macht sie Katzenminzenstecklinge. Sie schaut sich überall um, auf der Suche nach wunderschönen neuen Blumen. Kaiserschmarrn-Essen am GrasHaus findet sie super.

Helene ist perfekt im Verkauf. Sie holt Pflanzennachschub, packt ein, zeichnet aus und kassiert! Im Gartenkorb liegt Baby Lucia, lächelt den Himmel an.

Lilly und Moritz werden vom Garten verschluckt. Wenn ich sie suche, finde ich die zwei überall dort, wo Wasser ist. Lilly spielt am liebsten am Bachlauf. Und der Lieblingsplatz von Moritz ist sein Schlenkerbaum. Von dort aus hat er einen guten Überblick – und ist in seinem Element. Moritz hat zu Hause einen Kräutergarten angelegt. Er sagt, dass das ein ganz tolles Buch werde.

Johannes erntet Aroniabeeren, kocht Marmelade, verkauft sie und spart für ein Segelboot. Viktoria liebt die Teiche und das duftende Lavendelfeld – sie hat ein Lavendelkränzchen an ihrem Bett hängen. Sie ist gerne in der Farnecke – da entdeckt sie Farne, die sie sonst nie sieht. Viktoria wünscht sich zum Geburtstag Gutscheine und sucht dafür Blumenzwiebeln aus.

Charlotte malt Blumen. Sie will alles wissen. Felix und Jakob waren noch nicht hier. Thea ist gerne am GrasHaus – findet es gut, dort für sich zu sein, den Gedanken nachzuhängen, zu »Chillen & Essen«.

Welches Glück, mit Kindern auf Augenhöhe zu sein! Mit ihrer Freude, Freiheit und Neugier entdecke ich unbekannte Seiten in mir und in meinem Garten – etwa den Schlenkerbaum. Es tut gut, wenn sie herumlaufen und alles »aufwirbeln«. Es tut gut, ihr Lachen zu hören. Es ist lustig. Darüber freuen sich Bäume, Blumen und alle anderen zwischen Himmel und Erde. Kinder entdecken Neues. Ich auch. Kind sein. Er-Wachsen sein.

FANG AN MIT Nimm Kinder bei Wind und Wetter mit hinaus in deinen Alice-im-Wunderland-Garten. Wenn sie nach einiger Zeit einen eigenen Garten wollen, suche mit ihnen einen fabelhaften Platz, besten Boden, bestes Licht, sodass alles prachtvoll gedeiht. Besuche mit ihnen eine Gärtnerei. Wenn sie ein eigenständiges Gartenhaus wollen – lass Dir etwas einfallen. Zwei Zimmer – Küche & Salon. Lass Dich zum Tee einladen. Schenke ihnen Zeit & Raum. Allerkostbarste Kindheits-Erinnerungen – ein Leben lang.

Sueda, 9 Jahre. Aus dem Gästebuch der Gärtnerei, 2010

→ Wasser S. 39
→ Bäume S. 63
→ Wohnen im Garten S. 141
→ Küchengarten S. 105
→ Wilder Garten S. 165
→ Gärten auf Zeit S. 173
→ Insel S. 181
→ Fühlen S. 185
→ Duft S. 187
→ Klänge S. 189
→ Regen S. 191
→ Feuer S. 193

MONTJOIE

Einen Namen tragen

Wir tragen einen Namen, Pflanzen tragen einen Namen und der Ort, an dem wir leben, trägt eine Hausnummer. Der Garten ist »der Garten«. Auf Reisen in England gefällt es mir, dass Häuser, Gärten und darin enthaltene Orte eigene Namen tragen.

Am Anfang ist das Wort. Die Namen stimmen mich auf das ein, was mich erwartet. Namen laden ein. Namen spiegeln eine Vision, sind Ziel, Ausdruck einer Lebensphilosophie oder haben einen direkten Bezug zum Namen der Besitzer oder der umgebenden Landschaft. Kaiserlinde, Maierhof, Lindenhof, Villa Hügel, Villa Humor und Lebensfreude, Blaues Haus, Sissinghurst, Friedrichshuld, Sanssouci – all diese herrlichen Namen wecken Erinnerungen, schaffen Assoziationen und verbinden uns mit dem jeweiligen Ort. Machen ihn einzigartig und unverwechselbar.

Wenn ich das Feierabendtörchen öffne, beginnt der Feierabend, wenn ich auf dem *Happy-Hour-Bänkchen* sitze, dann am liebsten mit dem Five o'Clock Tea, das Septemberbeet wird im September in seiner Fülle sein – nicht im April –, und auf den Garten der langen Vorfreude habe ich lange gewartet.

Um mich herum haben Gebäude im Laufe der Jahre und mit ihrer Nutzung Namen erhalten. Der *Packschuppen*, in dem seit 1901 Pflanzen gepackt werden, der *Taubenschlag,* in dem es wohl so zuging wie im Taubenschlag, und die *Villa Wellblech,* die natürlich nicht unbedingt unseren landläufigen Vorstellungen einer Villa entspricht. Das größte Haus in der Gärtnerei, die Villa, die Georg Arends 1901 erbaute, trug nie einen Namen. Das wollte ich ändern. Aber es ist nicht einfach, einen Namen für ein altes Schiff zu finden, das schon so lange auf See ist. Da bekam ich eines Tages von einer Freundin Senf aus Monschau geschenkt – vielleicht weil die Gärtnerei an der Monschaustraße liegt? Das Senfglas aus der Eifel betrachtend, wunderte ich mich über das, was ich dort las: *Moutarde de Montjoie*. Das Wort *Montjoie* gefiel mir sofort. Seitdem steht MONTJOIE in großen Lettern am Haus und *Moutarde de Montjoie* im Kühlschrank.

FANG AN MIT Schenke Deinem Haus, Deinem Garten einen Namen. Lass ihn im Außen in Erscheinung treten – sodass Du und deine Gäste mit einem Lächeln vor der Tür stehen. Orientiere Dich an alten Karten, landläufigen Begriffen, Erinnerungen, Träumen und Zielen. Wohnst Du im Neubaugebiet? Oder »Am alten Bergwerk«? Es könnte der Anfang einer Spurensuche sein, und Du kannst dann zum Kindergeburtstag »Am alten Bergwerk« einladen.

Nomen est omen.

Plautus (um 250–184 v. Chr.)

Montjoie

I 1a) Freudenhügel (zum Andenken eines Sieges), 1b) Wegweiser auf einen Malhügel; II id. Frohberg

Sachs-Villatte, 1911

➜ Ort S. 19
➜ Pflanzen-Namen S. 51
➜ Lieblingsplatz S. 101
➜ Ferien S. 197

Ich liebe *Helleborus*

Jede ist ein Unikat. Im Februar kann ich es kaum erwarten, dass sich die ersten Blüten von *Helleborus orientalis*, der Lenzrosen, öffnen – ein Geschenk für Gärtner und Gärtnerin nach dunklen Januartagen. Maria Lichtmess, der Frühling naht!

Immer wieder fasziniert es mich, wie sich die Blüten in Schnee und Eis entwickeln und dem Winter trotzen. Herrlich ist es zu sehen, wie großzügig sie sich aussäen, wenn sie sich wohlfühlen. Ihre Samen werden von Ameisen an ungewöhnliche Orte geschleppt. Neugierig gehe ich von einer zur anderen, drehe die Blüten herum und lasse mich von ihrer delikaten Schönheit bezaubern. *Helleborus*-Fieber im Winter. Keine gleicht der anderen. Jede ist eine eigene Persönlichkeit. Und jedes Jahr gibt es neue Entdeckungen.

Vor Jahren pilgerte ich im Februar zur *Grand Dame de Helleborus:* Elisabeth Strangman. Nicht jede Pilgerreise war mit einer begehrenswerten Schönheit gekrönt. Bis ein schieferschwarzes Unikat mit nach Ronsdorf reisen durfte, vergingen Jahre. Entsprechend gestaltet sich bei solchen Kostbarkeiten das Pflanz-Zeremoniell: ein einladend großes Pflanzloch, mit Kompost und Lauberde verfeinert!

Jetzt führt meine Pilgerreise im Februar morgens und abends durch meinen eigenen Garten. Entlang des Pilgerweges lockt im Westen eine unfassbar schöne 'Picotee', im Norden die erwähnte magische schieferschwarze Rarität, während mir auf einer Mauerkrone hellgelbe *Helleborus* ins Auge blicken; im Osten begrüßt mich am Feierabendtörchen eine charmante, hellrosa punktierte Schönheit in Gesellschaft von *Helleborus argutifolius,* und im Süden unter der Scheinzypresse lädt eine fröhlich freie Lenzrosen-Gesellschaft mit *Cyclamen coum* und *Galanthus elwesii* zum Verweilen ein.

Unterwegs begegnet mir die heimische *Helleborus foetidus*. Mit malerischem Wuchs und hellgrünen Blütensträußen vagabundiert sie durch die Gärtnerei, sucht sich selbst die schönsten Plätze aus und erstaunt mich mit ihrer langen Blütezeit. Auf ganz andere Ideen bringen mich die mediterranen Verwandten *Helleborus argutifolius* und *Helleborus × sternii:* an ihre Heimat erinnert eine Landschaftsszene aus Sardinien an unserer Sonnenterrasse, wo sie zusammen mit Lavendel, *Euphorbia, Yucca* und Rosmarin wachsen!

Ein paar ausgewählte Blüten zu schneiden und in einer Schale Wasser schwimmen zu lassen, gehört zu meinen heiligen Glückseligkeiten.

FANG AN MIT Suche Dir die schönste Sorte aus und gib ihr einen Ehrenplatz!

Helleborus – Nießwurz, Lenzrose; Familie Ranunculaceae (Hahnenfußgewächse).

Namenserklärung
Entweder aus dem Griechischen *hellein* = töten und *bora* = Speise oder, ebenfalls griechisch, aus *ellós* = Hirschkalb und *bora* = Speise. Der abgeleitete Begriff *(h)elleborosus* = verrückt weist darauf hin, dass Nieswurz im Altertum als Mittel für Geisteskranke Verwendung fand.

***Helleborus*-Pflege**
Im Sommer bilden *Helleborus* ihre Knospen für den kommenden Frühling. Im Juli/August verwöhne ich sie daher mit Flüssigdünger.

Die wintergrünen Blätter der *Helleborus* werden gerne von einer Pilzkrankheit befallen, die sich mit schwarzen Flecken auf den Blättern zeigt. Ist das der Fall, schneide die Blätter sofort ab und werfe sie ins Feuer oder in den Müll. Sobald die Blüten erscheinen, schneide ich braun gewordene Blätter ab, dann kommen die Blütenstiele besser zu Geltung und es bilden sich schnell frische neue Blätter.

→ Frühling S. 143

Ich liebe Bergenien

Liebe auf den zweiten Blick? Ich liebe *Bergenia!* Sie ist eine zuverlässige Interpretin meiner Gartenentwürfe. Am liebsten zeichne ich mit ihr Konturen – sowohl in der Sonne als im Schatten. Mir gefällt die Vorstellung, dass sie mit ihren aufrechten Blatttrichtern anderen Stauden im Beet Halt geben und sie »beschützen«. Gartenschläuche kommen bequem um *Bergenia*-Ecken. Ihre Vitalität beeindruckt mich immer wieder, wie sie selbst im Winter ihre stolzen, hoch erhobenen, geröteten Blattmäntel nicht ablegen. Im zeitigen Frühling überraschen sie mit zarten Blütenglöckchen auf langen Stielen und sorgen für den ersten Vasenschmuck.

Welches Glück, dass sich mein Urgroßvater um 1890 auch für *Bergenia* interessierte. Er beschaffte sich alle damals erreichbaren Sorten und kreuzte sie miteinander. Seinen langjährigen Experimenten haben wir unsere Sorten 'Morgenröte', 'Silberlicht', 'Purpurglocken', 'Abendglut' und 'Abendglocken' zu verdanken.

Egal aus welchem Fenster ich schaue – Bergenien sind bei mir in allen Himmelsrichtungen dabei. Verlockend ist die Idee, mit ihnen eine mediterrane Felspartie zu gestalten: *Bergenia*-Inseln aller Art und Größe, zusammen mit weitläufigen drifts von *Teucrium chamaedrys, Satureja montana* 'Caerulea', *Stachys lanata, Sedum* 'Herbstfreude' und Euphorbien aller Art. Genial, wenn die fantastische Färbung von 'Eroica' und 'Abendglocken' für Herbst und Winter neue Bilder schafft.

Bergenien haben die Tendenz, sich mit ihren oberirdischen Rhizomen durch den Garten zu ziehen, was am Ende keinem gefällt! Um sie kompakt zu halten, schneide ich sie alle 3–4 Jahre nach der Blüte knapp über der Erde ab, dann wirken sie bald wieder frisch und munter. Wenn wir die Laubtrichter zusätzlich im Winter mit einer Lage Laub und Kompost verwöhnen, ist *Bergenia* glücklich!

»Ich werde nie müde, ihr prächtiges, festes Blattwerk zu bewundern und die Art und Weise, wie sie Winter und Sommer ihre Schönheit beibehält und eine Winterfarbe von warmer, roter Bronze annimmt. An den Megaseas ist nichts schwächlich oder vergänglich aussehend, sondern sie haben eher etwas Feierliches, Monumentales, das sie besonders zum Gruppieren mit Mauerwerk geeignet macht oder zum Pflanzen an Stellen, wo eine deutliche oder eine feste Randlinie gebraucht wird.«

Gertrude Jekyll, 1907

FANG AN MIT Im Osten zum Aufbruch eine Reihe 'Morgenröte', im Westen auf dem Weg zum Abendplatz eine Reihe 'Abendglocken', im Norden einige 'Silberlichter' und im Süden da und dort 'Eroica'!

Bergenia – Bergenie; Familie Saxifragaceae (Steinbrechgewächse).

Namenserklärung
Benannt nach Karl August von Bergen (1704–1759), Professor für Anatomie und Botanik; in alten Büchern finden wir die Bergenien unter dem Namen *Megasea*.

Schöne Kombinationen
Das ausdrucksstarke Laubwerk von Bergenien inspiriert mich als Kontrast zu feinlaubigen Stauden – im Zusammenspiel steigern sie gegenseitig ihre Wirkung. Einige Beispiele:
Bergenia & *Aster divaricatus*
Bergenia & *Aster prostrata*
Bergenia & *Calamintha*
Bergenia & *Gypsophila*

Meine Lieblings-Bergenien
'Abendglocken': dunkelrote Blütendolden, fantastische Winterfärbung.
"Eroica': auffallend leuchtend violette Blüten auf rot gefärbten Stielen, intensiv rote Winterfärbung.
'Morgenröte': karminrosa Blüten, blüht ein zweites Mal im Juni; schönes grünes Blattwerk.
'Purpurglocken': purpurote Blüte, blüht ein zweites Mal im Spätsommer , grünes Laub.
'Silberlicht': reinweiße Blüten, die sich im Verblühen rosa färben, grünes Laubwerk; schön mit *Brunnera macrophylla*.

→ Frühling S. 143

Ich liebe Astilben

»Wie meine Astilben entstanden« – so lautet eine Überschrift im Buch meines Urgroßvaters »Mein Leben als Gärtner und Züchter«. Wenn ich in diesem Kapitel lese, tauche ich ein in seine Kreativität, in sein unermüdliches Suchen nach Schönheit und nach den besten Möglichkeiten, die er in den Pflanzen erahnte. Ich tauche ein in die Welt der Pflanzensammler des 19. Jahrhunderts. Bekannt waren zunächst nur weiß blühende Astilben. Aus England und China erreichte ihn die erste zartrosa blühende Art. Damit beginnt die Züchtungsgeschichte. Georg Arends kreuzte die vorhandenen Arten und kreierte eine eigene Art, der er seinen Namen gab: »arendsii« – welcher Stolz! Es muss ihm Freude bereitet haben, die herrlichen Ergebnisse seiner Ideen endlich blühen zu sehen.

Astilben lieben das regenreiche Bergische Land. Und ich liebe Astilben! Mir gefällt es, mit ihren herrlichen Pastelltönen in schattigen Gartenpartien zu »aquarellieren«. Die zahllosen Wuchsformen, Farbnuancen und die Vielfalt der Rispenformen laden zum Schwelgen ein. Ehrensache, dass alle weißen Lieblings-Astilben meinen Weißen Garten bereichern und dort ihre Stärke zeigen. Wenn sie genug Wasser finden, sind sie gesund und munter das ganze Jahr, werden von Schnecken und Läusen ignoriert. Der lange Blütenflor beginnt Anfang Juni mit 'Snowdrift', gefolgt von 'Irrlicht', 'Deutschland', 'Diamant' und 'Bergkristall'. Er klingt mit den »Brautschleiern« im August aus, wenn die »Irrlichter« mit ihren eingetrockneten Blütenständen neue Farbtöne ins Bild geben – den ganzen Winter hindurch.

»Mit großer Spannung erwartete ich den Flor der Pflanzen im nächsten Jahr. Als dann die Rispen im Juli begannen, Farbe zu zeigen, war unser täglicher Gang zu den Astilben die Abenderholung für meine Frau und mich. Der Flor war geradezu überwältigend. Es war schwierig, aus dieser Fülle von Material, diesen Tausenden von Pflanzen, das Beste herauszusuchen, um es in die engste Auslese zu nehmen. Ein amerikanischer Geschäftsfreund, der mich gerade bei dieser Arbeit des Auslesens antraf, war auf meine Bitte gerne bereit, mich hierbei zu unterstützen, aber schon nach einer Stunde wurde ihm dies zu viel. Die Anstrengungen des Vergleichens der Farben, des Rispenbaues und des Pflanzenwuchses hatten ihm Augen- und Kopfschmerzen verursacht.« (Georg Arends, 1950).

FANG AN MIT »Aquarelliere« Deinen Garten mit Astilben. Lasse Dich von den Farbnuancen treiben. Lerne 'Grete Püngel', 'Lilli Goos', 'Else Schluck', 'Anita Pfeifer', 'Veronica Klose' und 'Obergärtner Jürgens' kennen! Kombiniere sie mit Silberkerzen, Storchschnabel, Hosta, Herbstanemonen, Sommerphlox und Frauenmantel!

Astilbe – Astilbe, Prachtspiere; Familie Saxifragaceae (Steinbrechgewächse).

Namenserklärung
Von *a privativum* für Pflanze und *Stilbe* für Glanz, also Pflanze ohne Glanz.

Meine Lieblings-Astilben
Astilbe × arendsii 'Else Schluck': leuchtendes Rot.
Astilbe × arendsii 'Grete Püngel': herrlicher Kontrast der hellrosa Blütenrispen zum dunkelrosa Stiel.
Astilbe crispa 'Liliput': Variante mit auffallendem Laubschmuck für Töpfe – in meinem Garten schmückt »Miss Lilliput« eine Mauerkrone.
Astilbe glaberrima 'Sprite': bronzefarbenes Laub, rosa Blütenschleier – herrlich als Fläche oder Einfassung.
Astilbe japonica 'Mainz' und Astilbe × arendsii 'Amethyst': sehr harmonische Kombination in Lila.
Astilbe simplicifolia 'Bronce Elegans': elegant für den Beetvordergrund oder in Töpfen.
Astilbe simplicifolia 'Dunkellachs': einfach wunderschön!
Astilbe taquettii 'Superba': großartig zu Miscanthus und Persicaria 'Arends Stolz'.

Astilben können jahrelang an einem Ort glücklich sein. Sie freuen sich im Herbst über eine Lage Komposterde und im Frühling über eine Hand voll organischen Volldüngers pro qm – sie werden es mit üppiger Fülle danken!

Ich liebe Sterndolden

Die Sterndolde ist bezaubernd. Mit ihrer Eleganz, Anmut und Ausstrahlung hat sie mein Herz erobert. Die zarten Sternchen laden zum genauen Hinsehen ein. Sie tragen an ihrer Basis einen eleganten Kragen, zusammengesetzt aus rosa-weiß gezeichneten Hüllblättchen. Die Blüte im botanischen Sinn hingegen ist klein und unscheinbar. Es fasziniert mich immer wieder, zu beobachten, wie die Dolden einer unsichtbaren Choreographie folgen: Sie erblühen nacheinander – eine ist die »Oberste«, die anderen folgen nach und nach und stehen sich nie im Weg.

Wie groß sind Freude und Überraschung, ihr in der Natur zu begegnen und zu sehen, in welcher Gesellschaft sie sich wohlfühlt und wo es ihr am besten gefällt. *Astrantia major* gefällt es besonders auf Bergwiesen im Allgäu, in der Schweiz und in Österreich. Dort finden wir sie zusammen mit Akelei, Mädesüß, Eisenhut, Glockenblumen und Frauenmantel – eine perfekte Kombination, auch im Garten!

Wenn *Astrantia* im Juni erblüht, beginnt die Zeit der Sommersträuße – traumhaft wiederum zusammen mit Frauenmantel. Die geselligen Sterndolden fühlen sich an sonnigen bis halbschattigen Plätzen wohl, gerne mit feuchten Füßen. Am liebsten lasse ich sie beschwingt in großzügigen Drifts zusammen mit *Geranium* 'Mayflower', *Anemone japonica, Alchemilla mollis, Deschampsia, Gillenia, Heuchera* 'Palace Purple', *Bergenia* 'Abendglocken' und *Aster divaricatus* durch die Beete laufen!

Mein amerikanischer Kollege Dan Hinkley hat *Astrantia major* 'Roma' zusammen mit *Eryngium* 'Blaukappe', *Persicaria* 'Arends Stolz', *Molinia* 'Transparent', *Aster* 'Wunder von Stäfa' und *Aster* 'Lady in Black' kombiniert. Eine wirklich gelungene Kombination! Thank you, Dan.

FANG AN MIT Einem Sterndoldenweg. Pflanze am Weg entlang oder im Gemüsegarten eine Reihe aller *Astrantia*-Sorten, die Du findest, zusammen mit ein paar *Alchemilla mollis* – mit Pflanzabstand 30 cm. Das liefert über viele Sommerwochen herrlichste Blumensträuße und täglichen Nachschub für das Knopflochväschen. Die Pflanzen nach der Blüte ganz zurückschneiden, dann entwickeln sich schönes frisches Laubwerk und ein zweiter Blütenflor.

Astrantia – Sterndolde, Meisterwurz. Familie Apiaceae (Doldenblütler).
Astrantia major wurde erstmals 1597 von Linné beschrieben.

Namenserklärung
Von *Aster* = Stern, wegen der Form des Blütenstandes der Pflanzen dieser Gattung.

Schöne Sterndolden
Astrantia 'Hadspen Blood'
Astrantia major 'Claret'
Astrantia major 'Roma'
Astrantia major 'Rosea'
Astrantia major 'Ruby Wedding'
Astrantia major 'Shaggy' (= 'Margery Fish')
Astrantia maxima

→ Blumenschmuck S. 221

Ich liebe *Euphorbia*

Wann immer ich eine mir unbekannte *Euphorbia* bei Kollegen entdecke, ist sie in meinem Reisegepäck. Ich liebe *Euphorbia!* Da über 2 000 Arten und Variationen dieser Gattung auf der Welt verteilt sind (außer in der Antarktis), wird mich diese Liebe mein Leben lang in meinem Garten und als Reisegepäck begleiten.

Besonders spektakulär sind die herrlichen, leuchtend limonengelben Blütenstände, gefolgt vom teils wintergrünen Laubschmuck und der faszinierenden, grafischen Anordnung der Blätter.

Seitdem ich *Euphorbia characias* an ihrem natürlichen Standort in Südspanien kennengelernt habe, träume ich von einem *Euphorbia*-Garten. Ein Stückchen mediterrane Landschaft, vielleicht eine leichte Topographie, geprägt von kargem, steinigem Boden. Darin *Euphorbia characias, E. segueriana, E. rigida, E. myrsinites, E. polychroma* und ein paar *Euphorbia* x *martinii,* begleitet vom Spanischen Gänseblümchen und als Komplementärfarbe dazu das Violett von *Allium sphaerocephalon, Allium atropurpureum* und Allium 'Purple Sensation'. Mit dem größten Vergnügen würde ich dann beobachten, was sich wo aussät und wie sich das Bild im Laufe der Jahre verändert, wie sich auch die Wege durch die kleine Euphorbienlandschaft immer neu finden würden. Das ist mein mediterraner Traum.

Vorsicht: Alle Wolfsmilch-Arten führen einen weißlichen Milchsaft. Wenn dieser durch eine Verletzung der Pflanze, zum Beispiel beim Zurückschneiden, auf die Haut gelangt, dann ist äußerste Vorsicht geboten! Zusammen mit der Sonne sind Hautverbrennungen die schmerzliche Folge. Das passiert einem nur einmal.

FANG AN MIT Träume den *Euphorbiatraum* weiter! Als ich über den Farbton für den Salon im Haus nachdachte, brachte der Blick aus dem Fenster eine Entscheidung: das Graugrün der *Euphorbia*-Blätter sollte es sein. 'Teresas Green' traf den Ton. Der Grüne Salon ist mein Lebensraum in den Wintermonaten. Jetzt träume ich von Kissen im Limonengelb der Euphorbienblüte.

Euphorbia – Wolfsmilch; Familie Euphorbiaceae (Wolfsmilchgewächse).

Namenserklärung

Dem *Euphorbus*, Arzt des Königs Juba von Mauretanien (54 v. Chr.), zu Ehren, der als Erster eine Wolfsmilchart zur Heilung des Augustus gebraucht haben soll.

Liason mit Euphorbia

In den *Himalajatraum* passen die fantastischen *Euphorbia wallichii* und *Euphorbia schillingii*.

Lenzrosen und Bergenien finden *Euphorbia robbiae* traumhaft.

Euphorbia 'Walenburg's Glory' und die Tulpe 'Yellow Spring Green' – eine traumhafte Farbkombination.

→ Strukturen S. 95
→ Farbe S. 115
→ Gelb S. 119
→ Winter S. 149

Ich liebe *Allium*-Bälle

Ich liebe es, mit *Allium*-Bällen zu spielen. Eine lustige, heitere Angelegenheit! In Sissinghurst habe ich sie kennengelernt. Charakteristisch für sie sind die großartigen Blütendolden, die sich aus vielen Sternchen zusammensetzen und auf hohen Stielen sitzen. Sie schweben über allem. Es gibt keine andere Pflanzengattung, mit der ich so effektvoll Punkte in ein Gartenbild komponieren kann. Viele zufällige Punkte, einzelne markante Punkte, große Kugeln, kleine Kugeln – für alle gewünschten Farbtupfer ist mit *Allium* gesorgt!

Die bezaubernden *Allium christophii*-Sternkugeln sorgen für ein fantastisches Feuerwerk aus violetten Sternchen im Staudenbeet. Sie stehen zwischen *Sedum* 'Herbstfreude', Lavendel, *Santolina, Stachys* 'Silver Carpet', *Calamintha* und *Bergenia* und wirken einfach genial.

Am Weg, der durch mein Herbstbeet führt, imponieren zwei Dutzend *Allium* 'Globemaster' als imposantes Spalier. Jeder Besucher ist beeindruckt! Das lenkt im Juni erfolgreich davon ab, dass das Beet noch mit grünem Laubwerk auf den blütenreichen Auftritt im September wartet.

Im Weißen Garten grüßt zufällig am Weg *Allium* 'Mount Everest' und flirtet mit *Iris* 'English Cottage'. In der Madame-Butterfly-Border laden Hunderte von violetten *Allium sphaerocephalon*-Kügelchen Schmetterlinge luftig-leicht zum Tanze ein – begleitet von *Knautia macedonica, Penstemon* 'Husker's Red', *Erigeron* 'Sommerneuschnee', *Astrantia, Echinacea purpurea* und *Calamagrostis* 'Lemperg'.

Allium 'Purple Sensation' kommt am besten dutzendweise daher. Da und dort spielen sie sich mit meinen Rosen violette Bälle zu. Zu limonengelben *Euphorbia characias* schenken sie mir einen komplementären Farbkontrast.

Allium würde Claude Monet gut gefallen!

Allium kommen jedes Jahr wieder. Die Zwiebeln bleiben im Boden. Die Hauptzwiebel bildet Tochterzwiebeln aus, was dazu führt, dass etwa bei der Sorte 'Globemaster' die Blüte im dritten Jahr deutlich kleiner wird, da sich dann mehrere Blütenstiele Raum und Nährstoffe teilen. Wünschst Du den 'Globemaster'-Volleffekt, dann musst Du im August die Zwiebeln ausgraben und entsprechend weit auseinander und einzeln neu einsetzen.

Allium – Lauch; Familie Liliaceae bzw. Alliaceae (Lilien- bzw. Lauchgewächse).

Namenserklärung
Aus dem Keltischen *all* = warm, brennend.

Allium 'Purple Sensation' und *Euphorbia griffithii* 'Dixter' – eine freche Kombination im Sinne von Christopher Lloyd. *Allium christophii*-Zwiebeln sollten mit etwa 40 cm Abstand gesetzt werden, damit sich die großen Kugeln frei entfalten können. Sie lassen sich auch wunderbar trocknen!

FANG AN MIT Übe Großzügigkeit. Wirf im Herbst schwungvoll Dutzende Allium 'Purple Sensation' und Allium spaerocephalon in Deine Rosen- und Staudenbeete – und freue Dich auf die üppige Fülle im Frühling.

→ Blumenzwiebel S. 69
→ Blickpunkte S. 93
→ Farbe S. 115

Ich liebe Silberkerzen

An einem Sommerabend habe ich mich in Silberkerzen verliebt. Während eines Spaziergangs durch die Gärtnerei erschienen im Zwielicht weiter Ferne die verzweigten Blütenkerzen vor dem dunklen Hintergrund der Lindenallee wie prachtvolle Kerzenkandelaber. Sofort hatte sich der Name »Silberkerze« erklärt und der Traum von einem Silberkerzenhain war in meinem Kopf.

Einen ersten großen Auftritt erhielten sie in meinem weißen Garten. Von allen verfügbaren Arten und Sorten ziehen sich Drifts von jeweils zwölf Pflanzen in großzügigen Schwüngen durch das Beet. Herrlich! Allein die Vorfreude, wie der beschwingende Reigen der Blütenkerzen mit den »Racemosas« im Juli beginnt bis hin zu den »Armleuchtern« im Oktober, bringt mich durch den Winter!

Die Silberkerzen gehören zu der Familie der Ranunculaceae (Hahnenfußgewächse). Die meisten Mitglieder dieser Pflanzenfamilie tragen wie auch die Herbstanemonen ornamentalen, farnartigen Laubschmuck und sind von eleganter Erscheinung. Sie lieben kühle, halbschattige Gartenpartien und entwickeln sich umso prachtvoller, wenn der Boden genug Feuchtigkeit bietet.

Die bezaubernd delikaten Blütchen laden zum genauen Hinsehen ein. Bei dieser Gelegenheit stellen wir fest, dass sie auch wunderbar duften! Vor meinem Küchenfenster stehen vier große Tontöpfe mit *Cimicifuga* 'Brunette'. Im September, wenn ich aus dem Haus oder zum Haus gehe, weht mir dieser zarte Duft um die Nase – um diese Jahreszeit eine köstliche Überraschung.

Genauso mag ich es, dass die stolze 'Brunette' mit ihren Blütenkerzen ab August so freundlich ins Küchenfenster zwinkert – ich mit ihr auf Augenhöhe bin und sie für Wochen studieren kann – und mich frage, warum die Blüten dieser vier Schönheiten nicht gleichzeitig erblühen, ob die morgendliche Besonnung schon bei 150 cm Abstand einen kleinklimatischen Unterschied schafft und wie bemerkenswert schnell die Pflanze ihre Samen reifen lässt. Mein Traum wäre ein Duftspalier nur mit »Brunetten«!

PS: Thea, 12 Jahre, findet Silberkerzen sehen aus wie Leuchtröhren. Stimmt.

FANG AN MIT Silberkerzen lassen sich sehr schön kombinieren mit Astilben, Eisenhut *(Aconitum × arendsii)*, Herbst-Anemone *(Anemone japonica-Sorten)*, *Clematis heracleifolia*, hohem Ehrenpreis *(Veronicastrum virginicum)*, Knöterich *(Persicaria-Arten)* und *Aster divaricatus*.

Actaea (früher *Cimicifuga*) – Silberkerze, Christophskraut; Familie Ranunculaceae (Hahnenfußgewächse).

Namenserklärung
Von *Aktia* oder *Akteia* für Holunder, wegen der Früchte, die denen des Holunders ähneln.

Lieblings-Silberkerzen
Actaea acerina, schlanke reinweiße Rispen; 80 cm hoch, Blüte: August–September.
Actaea racemosa, Juli-Silberkerze; prächtige Gestalt; 180 cm hoch, Blüte: Juli–August.
Actaea simplex, September-Silberkerze; leicht geneigte Blütenrispen; 180 cm hoch, Blüte: September–Oktober; herrlich zu *Aconitum × arendsii*.
Actaea simplex 'Brunette' und 'James Compton', attraktive, auffallende Sorten mit dunkelrot-violettem Laubschmuck.
Actaea simplex 'White Pearl' (= 'Armleuchter'), Oktober-Silberkerze, mit reichverzweigten Blütenstielen; 140 cm hoch, Blüte: September–Oktober.

→ Weiß S. 125
→ Abend S. 139

Blumen-Schmuck

Mein Ziel ist es, an 365 Tagen ein Schmuckstück aus dem Garten für den Küchentisch zu finden. Es ist für mich ein festes Ritual, freitags mit dem *Munstead-Flower-Basket* durch den Garten zu gehen, zu ernten und das Wochenende mit einem Blumenschmuck zu begrüßen. Es ist inspirierend. Manche Pflanzenkombination für den Garten hat ihren Anfang in einem Blumenstrauß genommen.

Vor Jahren war ich zu Gast in einem Landsitz in Upstate New York. Dieses Haus wurde für einige Zeit von Jacky Kennedy bewohnt. Vom Esszimmer aus führt eine Türe in den *flower room. A flower-arrangers dream!* Ein Raum, mit altrosa getünchten Wänden, grauem Steinboden, rundum breiten Borden zum Abstellen. Am Fenster ein etwas niedriger angebrachtes großes Spülbecken. In der Mitte ein schmaler, langer Tisch, ein Hocker. Emeraldgrün gestrichene Regale mit einer Sammlung von Blumenvasen und Gefäßen. In Form, Größe, Material und Farbe beflügelnd für die Gartenfantasie. Genial. Ein Regal gefüllt mit Gartenbüchern, Katalogen, Sämereien und Gartenscheren.

Eine Türe öffnet sich in den Garten. Gummistiefel und Gartenkörbe warten auf einen Ausflug. Im Garten findet sich mit einer Buchshecke eingefasst ein »Blumenschneidequartier«. Reihen mit *Delphinium, Phlox, Salvia, Alchemilla, Crocosmia, Dahlia, Chrysanthemum,* Sommerblumen und ein Duftwickenspalier. Blüten und Blätter laden ein. Gleich daneben ein Kompostquartier. Gartenkultur.

In dem Augenblick, in dem wir die Blume abschneiden, haucht sie ihr Leben aus. Im Buddhismus gehören Blüten und Blütenblätter zur täglichen Zeremonie. Wichtig ist der Moment, in dem das Opfer gegeben wird. Mit ihrem ausströmenden Duft reinigen die Blüten die Atmosphäre. Vergänglicher Schmuck.

FANG AN MIT Wenn Du gerne viele Sträuße machst und vor Deinen Beeten mit der Schere Halt machst, dann leg Dir ein Blumenschneidebeet an, damit Du leichten Herzens ernten kannst. Liebst Du üppige Bouquets mit Rittersporn? Pflanze sie in einer Reihe auf und ernte die Blumen im Juni. Danach alles ganz zurückschneiden, flüssig düngen – und im September erscheint der zweite Flor.

A flower a day keeps the analyst away.

Anja Maubach

Schöne Schnittblumen
Achillea filipendulina
Allium christophii – auch zum Trocknen
Ammi visnaga
Aquilegia
Aster amellus
Astrantia
Bergenia cordifolia – Blüten und Blätter
Calendula
Chrysanthemum maximum
Chrysanthemum serotinum
Chrysanthemum × hortorum
Cosmos bipinnatus
Crocosmia
Delphinium
Dicentra spectabilis
Erigeron
Helenium
Helleborus (nur die Blütenköpfe schwimmen lassen)
Heuchera-Blätter
Hosta-Blätter
Nigella damascena
Paeonia
Salvia nemorosa
Scabiosa 'Black Knight'
Sedum 'Herbstfreude'

→ Gartenräume S. 81
→ Sprache der Blumen S. 223
→ Gardening for Ladies S. 225

Die Sprache der Blumen

La Boutoniere, die Blume im Knopfloch. Als Prinz Charles zum zweiten Male heiratete und ich Bilder der Hochzeit sah, fiel mir sogleich die Blume in seinem Knopfloch ins Auge: *Helleborus*. Außerdem bemerkte ich, dass es morgens eine andere *Helleborus*-Blüte war als am Nachmittag. Ich könnte mir vorstellen, dass die Blüten von ganz bestimmten *Helleborus*-Pflanzen aus seinem Garten waren. So würde ich es zumindest machen.

Es ist interessant, welche Symbolkraft welchen Blumen zugeschrieben wird. Bei der Betrachtung mittelalterlicher Gemälde lohnt es sich, darüber nachzudenken, warum sich ausgerechnet Löwenzahn in der Nähe Marias zeigt. Bisweilen ist es überraschend, wenn wir uns von Blumen angezogen fühlen und deren symbolische Bedeutung erfahren oder welche heilenden Wirkungen sie in sich tragen. Botschaften. Mir macht es Freude über die Wirkung und Möglichkeiten solch geheimer Kräfte nachzudenken. Bei der Auswahl der Pflanzen ziehe ich dies gerne in Betracht.

Wenn mir den Winter über Echinacin guttut – warum nicht für den Sommer eine *Echinacea*-Wiese im Garten anlegen? Und wenn sich die Akelei so gerne in meinem Garten aussäen – *Heiliger Geist und Sexualkraft* aus allen Ritzen und Fugen kann nicht schaden. Als es galt, eine Einfassung für das Labyrinth in meinem Garten zu finden, habe ich nicht lange überlegt – ein breites Salbei-Band, das Symbol für *Heil und Gnade*.

Beim Tod meines Vaters war es mir selbstverständlich, zum Abschied Blumen aus dem eigenen Garten auszuwählen. Intuitiv hatte ich viel Laub von *Salvia officinalis* geschnitten. Abends las ich nach, dass früher *Salvia officinalis*-Blätter als Symbol treuen Gedenkens auf frische Gräber gestreut wurden, da sie nur langsam verwittern. Eine tief verwurzelte Entscheidung, die mir in diesem Augenblick Kraft geschenkt hat.

FANG AN MIT Trage eine Blume im Knopfloch.

Symbolpflanzen

Akelei: Dreieinigkeit, Heiliger Geist, Sexualkraft
Apfel: Liebe, Verführung
Artemisia: Abwehr alles Bösen
Chrysantheme: langes Leben, Heiterkeit unter schwierigen Bedingungen
Distel: Kraft, Potenz, Treue
Eiche: Sieg, Ruhm, Kraft, Stolz
Erdbeere: Verlockung zur Sünde
Gänseblümchen: Mutterliebe
Granatapfel: Fruchtbarkeit, Liebe und Lebensfülle
Kirsche: heitere Erotik
Lavendel: klares Leben
Linde: eheliche Liebe, Zärtlichkeit, Sehnsucht
Löwenzahn: christliche Lehre und ihre Ausbreitung
Maiglöckchen: Glück und Liebe, Heil der Welt
Nelke: göttliche und irdische Liebe
Rosmarin: treues Gedenken, Hochzeit, Unsterblichkeit
Salbei: Heil, Gnade
Stechpalme: Glück, Schutz vor allem Bösen, ewiges Leben

→ Blumenschmuck S. 221
→ Gardening for Ladies S. 225
→ Lieblings-Gärtner S. 229

Gardening for Ladies

Wie alles begann. Während einer Reise in England besuchte ich Sissinghurst, den Garten von Vita Sackville-West. Als ich durch den Garten schritt, begeisterte ich mich für die gelungene räumliche Abfolge der Gartenräume. Beim Blick durch den Sucher meiner Kamera traute ich meinen Augen nicht, als mein Professor aus Kalifornien vor mir stand. Wir setzten uns auf eine Gartenbank und diskutierten mögliche Themen meiner zu schreibenden Diplomarbeit. Im Gespräch machte er mich darauf aufmerksam, dass ihm aufgefallen sei, dass viele englische Staudengärten von Frauen angelegt worden sind. *Gardening for Ladies* wurde in Sissinghurst zu meinem Thema.

Es öffnete sich eine Welt mit vielen Möglichkeiten des Gärtnerns. Mich faszinierten die Lebensläufe der Ladies, über die ich las und die diese Gärten beseelen. *Every ladie's Guide to her own Greenhouse* (1843) – written by a Lady, anonym veröffentlicht – beispielsweise ermutigt Frauen, sich ein eigenes Gewächshaus einzurichten – ganz nach ihrem Geschmack und mit herrlichen exotischen Pflanzen.

The Ladies Companion to the Flower Garden (1841), *The ladies magazine for gardening* (1842) – Jane Loudon (1783–1843) geht mit ihren Veröffentlichungen weiter und ermuntert die Damen, selbst zu gärtnern. Es gibt Abbildungen von Damen-Schubkarren, die man mit Reifrock bewegen kann, einer Gartenbank mit Rädern, sodass man allein, ohne Hilfe und ohne zu fragen, entscheiden kann, wo man im Garten verweilen möchte. Damenhandschuhe, Damenspaten – alles, um es Frauen möglich zu machen, kräfteschonend und ohne ihren guten Ruf zu verlieren zu gärtnern. Die Frauen wollten gärtnern – *»selber die Löcher machen zu können, genau dort, wo man sie haben will, statt Anordnungen geben zu müssen, die nur halb verstanden werden …«* (von Arnim, 1898). Gärtnern wurde zum Ausdruck ihrer Kreativität und des Wunsches, etwas Sinnvolles zu tun, in einer Zeit, in der es nicht üblich war, als Frau der gehobenen Gesellschaft einem Beruf nachzugehen.

Von Herzen wünsche ich mir,
ich wäre ein Mann …
Wenn ich doch nur selber graben und pflanzen könnte!
… Und warum darf man das nicht? Es ist nicht anmutig und macht einen heiß; aber es ist eine gesegnete Art von Arbeit, und hätte Eva im Paradies einen Spaten gehabt und etwas damit anfangen können, hätten wir nicht diese ganze traurige Geschichte mit dem Apfel.

Elisabeth von Arnim, 1898

Miss Willmott

Miss Ellen Willmott (1858–1934) hatte die Möglichkeit, auf dem Landsitz ihres Vaters *Warley Place* eine umfangreiche botanische Sammlung anzulegen. Sie war Mitglied der *Royal Horticultural Society,* unterstützte botanische Exkursionen mit finanziellen Mitteln und unternahm selbst Exkursionen ins Mittelmeergebiet, fotografierte und schrieb Gartenbücher. Mit Gertrude Jekyll war sie befreundet und pflegte internationale Kontakte, um neue Pflanzen zu bekommen, so auch zu dem Botaniker Maximilian Leichtlin in Baden-

Baden. Für weitere Gartenexperimente hatte sie einen Garten in Südfrankreich und einen an der italienischen Riviera. In ihren besten Zeiten beschäftigte sie 100 Gärtner. Für ihr Alpinum engagierte sie einen *head-gardener* aus der Schweiz.

Viele Pflanzen tragen ihren Namen: *willmottiae, willmottiana, warleyense,* 'Warley Rose', 'Miss Willmott'. Miss Willmott's Ghost ist *Eryngium giganteum.* Wenn sie Gärten besuchte, hatte sie ein Handvoll Samen dieser Distel in der Tasche und verstreute ihn da und dort. Zwei Jahre später erschien die imposante Elfenbeindistel aus dem Nichts und man erinnerte sich geisterhaft an Miss Willmott's Besuch. An dieser Stelle können wir nun selbst über Gartengeister, die wir hinterlassen, nachdenken.

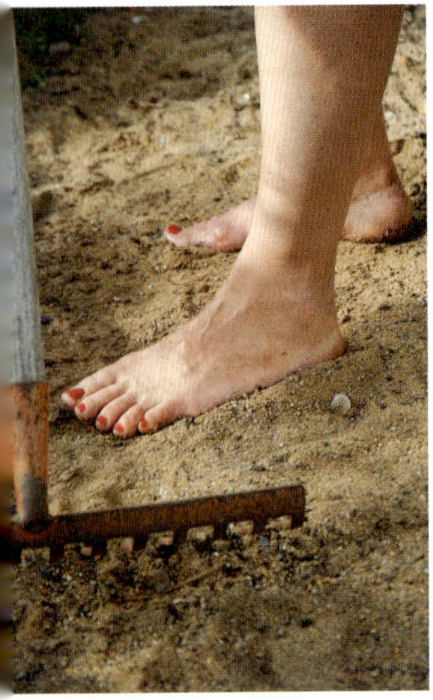

Das Gärtnern ist in hohem Maße eine Arbeit für Frauen; der Sinn für Details, die Möglichkeiten, etwas zu manipulieren, die unaufhörliche Aufmerksamkeit und Freundlichkeit sind alles Eigenschaften, die Ihnen gut zusagen … Die bis dahin verschlossene Tür zu einer ganz neuen Welt voll interessantem Neuen, voll Freude und wachsendem Verständnis öffnet sich ihnen. Strahlende Gesundheit, Stärke des Körpers und der Glieder, schneller Verstand und Freude am Leben, das sind die zusätzlichen Errungenschaften der an sich glücklichsten und gesündesten Form des Lebens, die man sich nur wünschen kann.

Gertrude Jekyll, 1916

Gertrude Jekyll

Gertrude Jekyll (1843–1932), Gärtnerin, Gartenkünstlerin und Gartenschriftstellerin, beeindruckt mich zutiefst. Ihr Werk »Praktische und kritische Anmerkungen und Gedanken eines arbeitenden Amateurs«, ihre große Schaffenskraft, ihr Verhältnis zum Garten, ihr Umgang mit Pflanzen und ihre malerische Art, Pflanzen miteinander zu kombinieren, »zu driften«, sind überaus inspirierend. Sie war maßgeblich daran beteiligt, 1902 das Swanley College als eines der ersten Gartenbau-Colleges für Mädchen zu gründen.

Zusammen mit dem englischen Architekten Sir Edwin Lutyens (1869–1944) entwarf sie mehr als 300 Gärten. Gemeinsam war ihnen das Interesse an der Landschaft und Architektur der alten Cottages in Surrey. Die beiden trafen sich 1889. Er hatte sein Architekturstudium abgebrochen. Sie konnte ihn wieder für Architektur begeistern und beauftragte ihn, ihr Wohnhaus zu entwerfen – *Munstead Wood. »Ein Ort der Rast und Zurückgezogenheit und stillen Beobachtung; er ist mein Studierzimmer – mein Wohnraum im Freien.«*

Auf ihrem Grundstück *Munstead Wood* entstand 1885 als Erstes ein Provisorium, »The Hut«, in dem Gertrude Jekyll während der zweijährigen Bauzeit ihres Hauses wohnte. Parallel dazu begann sie ihren Garten zu bauen, war jeden Tag auf der Baustelle, entwarf und erstellte viele Details. Aus diesem Projekt ergaben sich nachfolgend viele Aufträge für Lutyens. Er wurde zu einem der einflussreichsten Architekten englischer Landhäuser. Haus und Garten bildeten eine Einheit. Es wurde zur Mode, sich sein Haus von Lutyens und den Garten von Jekyll planen zu lassen.

Gertrude Jekyll arbeitete eng mit dem Botaniker William Robinson (1838–1935) zusammen, der Pflanzen entsprechend ihrem natürlichen Standort verwendete. 1883/84 unternahm sie eine botanische Exkursion mit Maximilian Leichtlin nach Capri. Miss Jekyll betrieb eine eigene Gärtnerei, in der sie die Pflanzen kultivierte – die Farben ihrer Palette –, die sie zur Umsetzung ihrer Entwürfe nutzte.

»… und ich habe viele Jahre lang unter Gartenblumen gelebt und habe mich vor tatsächlicher Mühe und Arbeit nicht gescheut; und stehe nun in einem sehr nahen und freundschaftlichen Verhältnis mit vielem, was da grünt und blüht, und habe mir gewisse Instinkte erworben, die, obgleich nicht klar definiert, doch zu den Dingen gehören, die man wissen muss.« Gertrude Jekyll, 1898

Vita Sackville-West

Vita Sackville-West (1892–1962) hinterließ zusammen mit ihrem Mann Harold Nicolson (1886–1967) ein Gesamtkunstwerk – Sissinghurst. Einen Ort voller Poesie – und das Porträt einer Ehe. *»Als ich den Ort an einem Frühlingstag des Jahres 1930 zum ersten Mal sah, entflammte er augenblicklich mein Herz und meine Phantasie. Ich habe mich auf den ersten Blick in ihn verliebt. Und ich wußte, was man daraus machen konnte. Es war Dornröschens Garten: aber ein Garten, der nach Befreiung schrie. Und es war leicht vorauszusehen, sogar in diesem Moment, welchen Kampf es uns kosten würde, ihn zu befreien.«* Vita Sackville-West, 1930

In den unterschiedlichen Biografien entdeckte ich Teile von mir – habe darin die Freiheit gefunden, meine Freude an der Kunst des Gärtnerns, meine Liebe zur Natur und meine Begeisterung für die Vielfalt der Stauden zu leben – *my way of gardening.*

FANG AN MIT Mach Dich schön für Deinen Garten. Behandle Deinen Garten so gut wie Dich. So wie Du Kosmetik auswählst, Düfte, Textilien und Menschen, die Dich gut behandeln – so wähle Pflegeprodukte, Pflanzen, Materialien und Handwerker für Deinen geliebten Garten aus. Kleidest Du Dich nach Maß oder von der Stange? Kombinierst Du gerne? Entwirfst Du Deine eigene Bekleidung? Magst Du Kaschmir, Seide & Co.? Pflegeleichter Garten. Wie pflegeleicht bist Du? Wählst Du Handwäsche oder die Reinigung?

→ Gärtnern S. 25
→ Lieblings-Gärtner S. 229

LILIES FOR ENGLISH GARDENS
JEKYLL
1903
Davidis, Gartenbuch
WOOD & GARDEN
G. JEKYLL
COLOUR IN THE FLOWER GARDEN
THE COUNTRY LIFE LIBRARY
THE LADIES COMPANION TO THE
BY LOUDON

Gärtner-Freundschaften

Beverly Nichols ist mein bester Kunde in der Gärtnerei. Jeden Samstag pünktlich um 11 Uhr sitzt er ein Weilchen im Verkauf, macht seine vortrefflichen Studien über Gartenliebhaberinnen. Er ermuntert mich jeden zweiten Samstag, eine Cocktail-Bar zu öffnen.

Mit Ellen Willmott bereise ich den Himalaja. Eine abenteuerlustige Pflanzenjägerin. *She is quite a Lady*. Gertrude Jekyll besuche ich am Wochenende. Ich liebe es, bei ihr zu sein. Herrlich, ihr wunderschönes Haus, das sie sich von Lutyens hat bauen lassen. Es ist so genial, mit dem Garten verbunden. Wir gehen durch ihren Garten und reden über das Leben. Ich lerne von ihr.

Vita & Harold habe ich in Neu-Delhi in einem Garten von Lutyens getroffen. Ein elegantes Paar. Wir mögen uns. Wir sind verabredet. Elisabeth von Arnim hat mit mir in der Gärtnerei Kontakt aufgenommen – auf der Suche nach winterharten Pflanzen für ihren Garten in Pommern. Seitdem schreiben wir uns. Sie schafft es nicht, in ihrem Trubel zu einem Gartenkurs zu kommen. Ich schaffe es nicht, in meinem Trubel sie so »weit ab vom Schuss« zu besuchen. Ich würde gerne das Aprilkind, das Maikind, das Junikind und den »Grimmigen« kennenlernen. Wir hoffen auf »später«.

Graham Stuart Thomas ist mein Pflanzenfreund. Immer wenn ich etwas nicht kenne oder etwas Neues kennenlernen möchte, ist er meine Neuheitenquelle. Immer eine Aufregung, wenn ein Pflanzenüberraschungspaket von ihm ankommt, stets begleitet von höchst amüsanten Pflanzenbeschreibungen und Handlungsanleitungen.

Jane Loudon ist die Herausgeberin meines Lieblingsgartenmagazins. Wir erträumen uns Gartengeschichten. Und mein Freund George. Ein wahrer Garten-Gentlemen. Er lebt inmitten eines herrlichen Parks mit prachtvollen alten Bäumen aus allen Teilen der Welt. George hat viele Jahre in England gelebt.

In der Eingangshalle steht immer ein herrliches Bouquet aus dem Garten. Im Gartensalon brennt ein Holzfeuer. Die Gartenbibliothek ist gefüllt mit allem, was mein Gärtnerherz begehrt. Von der Bibliothek führt eine Glastür in den *garden workshop*. Alte Fliesen, fantastische, schwarz-weiß fotografierte Pflanzenporträts an den Wänden, Wasserbecken, Gartengerätschaften, Holzregale mit einer Sammlung herrlichster alter Blumentöpfe und wunderlicher Blumenvasen.

Von dort aus geht es in ein englisches Gewächshaus. Angelehnt an eine alte Ziegelmauer steht es da. Grün gefüllt, voller Duft. Wir sprechen englisch. We are great friends – über Zeit und Raum hinweg.

FANG AN MIT Öffne Deinen Garten. Heute – nicht morgen.

Freundschaft
Das auf gegenseitige Wertschätzung beruhende und von gegenseitigem Vertrauen getragene, frei gewählte gesellige Verhältnis zwischen Gleichstehenden.

Der Brockhaus, 1897

Ich spreche freilich sehr schlecht Deutsch, aber wenn ich Sie durch meinen Garten führen könnte, dann würden wir uns bestimmt verstehen. Die Blumen würden wir in der fremden Sprache nicht benennen können, aber wir würden sie beide lieben. Und eine gemeinsame Liebe zur Schönheit ist die tiefste Grundlage zur Freundschaft. Wir sind von jeher dazu bestimmt, gute Freunde zu sein – Deutschland und England. Denn wir sind beide gute Gärtner. Solange ein Volk noch seine Gärten liebt, so lange kann es seine Seele nicht verlieren.

Beverly Nichols, 1932

Im Vollmondschein doch,

Wo ich auch geh und stehe,

Ein anderer Himmel!

Chiyo-ni (1703–1775)

Adressen, die Ihnen weiterhelfen

Gehölze
Baumschule und Pflanzenhandel Lorenz von Ehren
Maldfeldstr. 4
21077 Hamburg
Tel.: 0 40 / 76 10 82 80
www.lve.de

Baumschule Hachmann
Brunnenstr. 68
25355 Barmstedt
Tel.: 0 41 23 / 20 55
www.hachmann.de
(Rhododendren)

Pflanzenhandel Huben
Schriesheimer Fußweg 7
68526 Ladenburg
Tel.: 0 62 03 / 92 80 0
www.huben.de

Obstgehölze
Hermann Cordes Baumschulen
Pinneberger Str. 247a
25488 Holm / Holstein
Tel.: 0 41 03 / 93 98 0
www.cordes-apfel.de

Krämer Markenbaumschulen
Bielefelder Str. 202–206
32758 Detmold
Tel.: 0 52 31/ 68 77 8
www.obstbaumschule.com

Stauden
Jelitto Staudensamen GmbH
Am Toggraben 3
29690 Schwarmstedt
Tel.: 0 50 71 / 9 82 90
www.jelitto.com
(nur Samenversand)

Stauden-Junge
Seeangerweg 1
31787 Hameln
Tel.: 0 51 51/ 34 70
www.bluetenblatt.de

Staudengärtner Klose
Rosenstr. 10
34253 Lohfelden
Tel.: 0 561 / 51 55 55
www.staudengaertner-klose.de

Arends Maubach
Staudengärtnerei & Gartenkultur
Monschaustraße 76
42369 Wuppertal
Tel.: 02 02 / 46 46 10
www.arends-maubach.de

Gärtnerei Hügin
Zähringerstraße 281
79108 Freiburg
Tel.: 07 61 / 55 37 25
www.ewaldhuegin.com
(kein Versand)

Staudengärtnerei
Gräfin von Zeppelin
Weinstr. 2
79295 Sulzburg-Laufen/Baden
Tel.: 0 76 34 / 69 71 6
www.graefin-v-zeppelin.com

Staudengärtnerei Gaissmayer
Jungviehweide 3
89257 Illertissen
Tel.: 0 73 03 / 72 58
www.gaissmayer.de

Niederlande
Staudengärtnerei
»De Hessenhof«
Miranda und Hans Kramer
Hessenweg 41
6718TC Ede
Tel.: +31 / 3 18 / 61 73 34
www.hessenhof.nl

Rosen
W. Kordes' Söhne
Rosenschulen GmbH & Co KG
Rosenstr. 54
25365 Klein Offenseth
Tel.: 0 41 21 / 48 70 0
www.Kordes-rosen.com

Noack Rosen
Im Fenne 54
33334 Gütersloh
Tel.: 0 52 41 / 20 18 7
www.noack-rosen.de

Rosenhof Schultheis
Bad Nauheimer Str. 3–7
61231 Bad Nauheim-Steinfurth
Tel.: 0 60 32 / 92 52 80
www.rosenhof-schultheis.de

Zwiebelblumen
Albrecht Hoch
Potsdamer Str. 40
14163 Berlin
Tel.: 0 30 / 80 26 25 1
www.albrechthoch.de

Horst Gewiehs GmbH
Italienischer Weg 1
37287 Wehretal
Tel.: 0 56 51 / 33 62 49
www.gewiehs-blumenzwiebeln.de

Steingartenpflanzen
Alpengarten Sündermann
Aeschacher Ufer 48
88131 Lindau
Tel.: 0 83 82 / 54 02
www.alpengarten-suendermann.de

Kräuter
Rühlemann's Kräuter & Duftpflanzen
Auf dem Berg 2
27367 Horstedt
Tel.: 0 42 88 / 92 85 58
www.kraeuter-und-duftpflanzen.de
(reiches Sortiment)

herb's
Bioland Gärtnerei
Stedinger Weg 16
27801 Nuttel
Tel.: 0 44 32 / 94 00 3
www.herb-s.de

Syringa
Kräuter und Duftpflanzen
Bachstraße 7
78247 Hilzingen-Binningen
Tel.: 0 77 39 / 14 52
www.syringa-samen.de

Werkzeuge, Accessoires, Sonstiges
Gartenbedarf-Versand
Richard Ward
Günztalstr. 22
87733 Markt Rettenbach
Tel.: 0 83 92 / 16 46
www.gartenbedarf-versand.de

Feri Braun
Marie-Curie-Straße 7
79100 Freiburg
Tel.: 07 61 / 13 77 91 6
(Schuhe nach Maß, auch für Gärtner)

Großbritannien
Farrow & Ball
Uddens Estate
Wimborne
Dorset
BH21 7NL
Tel.: +44 / 12 02 / 87 61 41
www.farrow-ball.com
(Farben nach historischen Farbmustern für innen und außen)

Gewächshäuser
Kuno Krieger GmbH
Gahlenfeldstr. 5
58313 Herdecke
Tel.: 0 23 30 / 80 08 60
www.kriegergmbh.de

Alitex Deutschland
Adalbert-Stifter-Straße 11
65375 Oestrich-Winkel
Tel.: 0 67 23 / 6 73 37 15
www.alitex.de

Mobiliar
Garpa
Kiehnwiese 1
21039 Escheburg bei Hamburg
Tel.: 0 41 52 / 92 52 00
www.garpa.de

Dedon
Zeppelinstraße 22
21337 Lüneburg
Tel.: 0 41 31 / 22 44 70

Literatur

Alexander, Christopher: Eine Muster-Sprache. Löcker Verlag, Wien 1995

Arends, Georg: Mein Leben als Gärtner und Züchter. Verlagsbuchhandlung Eugen Ulmer, Stuttgart 1951

Beuchert, Marianne: Symbolik der Pflanzen. Insel Verlag, Frankfurt am Main 1999

Bonstedt, C.: Pareys Blumengärtnerei Band I und II. Parey Verlag, Berlin 1931

Breckwoldt, Michael: Cottage-Gärten. BLV Buchverlag, München 2009

Burnett, Frances Hodgson: Der geheime Garten. Gerstenberg Verlag, Hildesheim 1988

Chatto, Beth: Im grünen Reich der Stauden. Verlag Eugen Ulmer, Stuttgart 1991

Dahl, Jürgen: Nachrichten aus dem Garten. Manuscriptum Verlagsbuchhandlung Thomas Hoof, Waltrop und Leipzig 1999

Darke, Rick: Enzyklopädie der Gräser. Verlag Eugen Ulmer, Stuttgart 2010

Dillon, Helen: Garden Book. Frances Lincoln, London 2007

Encke, Dr. h.c. Fritz: Zander Handwörterbuch der Pflanzennamen, Verlag Eugen Ulmer, Stuttgart 2008

Graebner, Paul/Lange, Willy: Illustriertes Gartenbaulexikon. Band 1 und 2. Parey Verlag, Berlin 1926

Grönland, Dr. J. und Rümpler, Th.: Vilmorin's illustrierte Blumengärtnerei. Verlagsbuchhandlung für Landwirtschaft, Gartenbau und Forstwesen, 1873

Haiku. Japanische Dreizeiler. Verlag Philipp Reclam, Stuttgart 1995

Hirschfeld, Christian Cay: Theorie der Gartenkunst. DVA, München 1990

Jarman, Derek: Derek Jarmans Garten. Verlag Volk & Welt, Berlin 1996

Jekyll, Gertrude: Gardens for small Country Houses. George Newnes Ltd., London 1913; Reprint by Grimsay Press, Glasgow 2008

Jekyll, Gertrude: Wood and Garden. 1899. Reprint by Kessinger Publishing, Whitefish (USA) 2005

Kreuter, Marie-Luise: Der Biogarten. BLV Buchverlag, München 2009

Lammerting, Kristin: Gärten im Englischen Stil. BLV Buchverlag, München 2009

Leppert, Stefan: Zwischen Gartengräsern. DVA, München 2008

Lloyd, Christopher: Faszination Farbe im Garten. Callwey Verlag, München 2002

Lord, Tony: Sissinghurst – Der schönste Garten Englands. Dumont-Verlag, Köln 2000

Maubach, Anja: Meine Garten Notizen. AV-Verlag, Wien 2008

Maynard, Arne: Garten Ideen. Verlag Delius Klasing, Bielefeld 2008

Pückler-Muskau, Hermann Fürst von: Andeutungen über Landschaftsgärtnerei. Insel Verlag, Frankfurt am Main 1988

Rümpler, Theodor (Hrsg.): Illustriertes Gartenbau-Lexikon. Paul Parey, Berlin 1902

Russell, Vivian: Monets Giverny – Der schönste Garten Frankreichs. Dumont-Verlag, Köln 2002

Silva Tarouca, Ernst Graf: Unsere Freiland-Stauden. G. Freytag GmbH, Leipzig 1910

Stearn, William T.: The Genus Epimedium. The Royal Botanic Gardens, Kew 2002

Stuart Thomas, Graham: The Rock Garden. Frances Lincoln, London 2004

Thomas, Graham Stuart: Perennial Garden Plants. J.M. Dent & Sons Ltd., London 1990

Vita Sackville-West und Harold Nicholson: Sissinghurst. Insel Verlag, Frankfurt am Main 2006

Von Arnim, Elizabeth: Elizabeth und ihr Garten. Insel Verlag, Frankfurt am Main 1987

Von der Heydt-Museum Wuppertal: Natur wird Kunst. Georg Arends. Gerhard Finkh und Solveig Maria Schuppler, Wuppertal 2010

Erläuterungen zu den Bildern

Bei den auf den Bildern gezeigten Pflanzen handelt es sich um folgende Arten:

S. 33: Sämling von *Cyclamen coum*

S. 43: *Convolvulus arvensis*

S. 45: *Lavandula angustifolia* 'Munstead'

S. 57: *Peltiphyllum peltatum*

S. 59 ol: *Fuchsia gracilis*

S. 59 or: *Clematis × jackmanii*

S. 59 ul: *Physostegia virginiana* 'Van Wassehoe'

S. 59 ur: *Helenium* 'Sahin's Early Flower'

S. 61 ol: *Paeonia mlokosewitschii*

S. 61 or: *Heuchera* 'Amethyst Mist'

S. 61 ul: *Knautia macedonica*

S. 61 ur: *Aquilegia*-Hybride

S. 65 ol: *Rudbeckia deamii* mit *Molinia* 'Transparent'

S. 65 oM: *Molinia* 'Heidebraut', im Hintergrund *Ammi visnaga*, vorne *Santolina chamaecyparissus*

S. 65 or: *Aster novae-angliae* 'Septemberrubin' und *Miscanthus* 'Kleine Fontäne'

S. 65 Ml: *Molinia* 'Heidebraut'

S. 65 MM: *Miscanthus* 'Malepartus'

S. 65 Mr: *Calamagrostis brachytricha*

S. 65 ul: *Aster dumosus*-Streifen mit *Molinia* 'Heidebraut'

S. 65 uM: *Achnatherum calamagrostis*

S. 65 ur: *Molinia* 'Heidebraut' im Winter

S. 69 ol: *Polystichum braunii*

S. 69 oM: *Matteucia struthiopteris*

S. 69 Ml: *Adiantum pedatum*

S. 69 MM: *Athyrium* im Aufrollen

S. 69 Mr: *Osmunda regalis*

S. 69 ul: *Osmunda regalis*

S. 69 uM: *Athyrium nipponicum* 'Metallicum'

S. 69 ur: *Athyrium filix-femina*

S. 87: *Nepeta × faassenii* 'Walker's Low'

S. 93: *Aruncus dioicus*, im Topf: *Hakonechloa macra* 'Aureola'

S. 95 ol: *Anthemis nobilis* 'Plena'

S. 95 or: Rhododendron mit *Aruncus dioicus*

S. 95 ul: *Gunnera manicata*, Stängel

S. 95 ur: *Euphorbia characias*

S. 113: *Kniphofia* 'Alkazar' mit *Stipa tenuissima* 'Angel Hair', verblühte Blütenstände von *Allium* 'Globemaster'

S. 115: *Helenium* 'Sahin's Early Flower'

S. 119 ol: *Phlomis russeliana*

S. 119 oM: *Meconopsis cambrica*

S. 119 or: *Hemerocallis* 'Corky'

S. 119 Ml: *Anthemis tinctoria* 'Wargrave'

S. 119 MM: *Hypericum* 'Excellent Flair'

S. 119 Mr: *Hypericum olympicum* 'Schwefelperle'

S. 119 ul: *Corydalis lutea*

S. 119 uM: *Thalictrum flavum*

S. 119 ur: *Iris*-Blütenblatt

S. 121 ol: *Hydrangea* 'Blaumeise'

S. 121 oM: *Lupinus* 'Persian Slippers'

S. 121 or: *Verbena hastata*

S. 121 Ml: *Iris sibirica* 'Welfenfürstin'

S. 121 MM: *Lavandula angustifolia* 'Munstaed', *Rosa* 'Madame Plantier'

S. 121 Mr: *Geranium* 'Orion'

S. 121 ul: *Nepeta × faassenii* 'Walker's Low', *Geranium psilostemon*

S. 121 uM: *Actaea simplex* 'Brunette'

S. 121 ur: *Aster novi-belgii* 'Schöne von Dietlikon'

S. 123 ol: *Lupinus* 'Red Rum'

S. 123 oM: *Rosa* 'American Pillar'

S. 123 or: *Phlomis tuberosa* 'Amazone'

S. 123 Ml: *Astilbe × arendsii* 'Anita Pfeifer', vorne *Astilbe × arendsii* 'Amethyst'

S. 123 MM: *Paeonia lactiflora* 'Schwindt'

S. 123 Mr: *Chrysanthemum coccineum* 'Regent', vorne *Chrysanthemum coccineum* 'Eileen May Robinson'

S. 123 ul: *Persicaria bistorta*

S. 123 uM: *Geranium cinereum* 'Ballerina'

S. 123 ur: *Anemone japonica* 'Königin Charlotte'

S. 125 ol: *Galanthus nivalis*

S. 125 oM: *Lupinus* 'Fräulein'

S. 125 or: *Kalmia latifolia*

S. 125 ml: *Paeonia* 'Jan van Leuven'

S. 125 MM: *Astrantia* 'Margery Fish'

S. 125 mr: *Iris × barbata* 'English Cottage'

S. 125 ul: *Saxifraga × fortunei*

S. 125 uM: *Agapanthus umbellatus*

S. 125 ur: *Tulipa* 'White Triumphator'

S. 127 ol: *Gunnera manicata*

S. 127 oM: *Rhododendron haematodes*

S. 127 or: *Alchemilla mollis*, Knospe

S. 127 ml: *Adiantum venustrum*

S. 127 MM: *Hakonechloa macra* 'Aureola'

S. 127 mr: *Euphorbia characias* subsp. *wulfenii*

S. 127 ul: *Hosta* 'June'

S. 127 uM: Buchsbaumeinfassungen, gefüllt mit *Lavandula* 'Munstead'

S. 127 ur: *Euphorbia characias*, Blüte

S. 129: *Iris sibirica*

S. 145: *Lavandula angustifolia* 'Munstead'

S. 147 ol: *Miscanthus* 'Silberspinne', *Persicaria* 'Arends Stolz', *Agastache* 'Black Adder'

S. 147 or: *Rosa × helenae*

S. 147 ul: *Saifraga × apiculata*, gefiedertes Laub von *Corydalis flexuosa*

S. 147 ur: *Molinia* 'Heidebraut', *Aster dumosus* 'Herbstgruß vom Bresserhof'

S. 157: Buchseinfassung, gefüllt mit *Lavandula* 'Munstaed'

S. 165: *Digitalis purpurea*

S. 169: Im großen Topf: *Miscanthus* 'Morning Light' mit *Helichrysum petiolare*

S. 173: *Stipa tenuissima* 'Angel Hair'

S. 185: *Stipa tenuissima* 'Angel Hair'

S. 199: *Cephalaria gigantea*

S. 207: Namenlose Schönheiten

S. 209 ol: *Bergenia* 'Abendglocken'

S. 209 or: *Bergenia* 'Eroica'

S. 209 ul: *Bergenia* 'Britten'

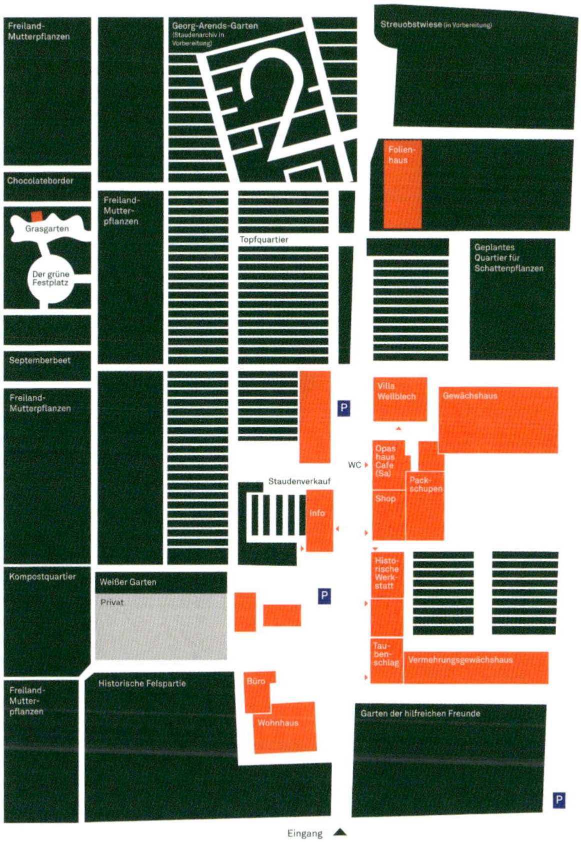

Arends Maubach *Staudengärtnerei & Gartenkultur*

Monschaustraße 76, 42 369 Wuppertal
Tel. 02 02. 46 46 10
stauden@arends-maubach.de
www.arends-maubach.de

Öffnungszeiten von März bis Ende Oktober
Mittwoch, Donnerstag und Freitag: 9–18 Uhr
Samstag: 9–16 Uhr

von November bis Weihnachten
Mittwoch, Donnerstag und Freitag: 9–17 Uhr

von Weihnachten bis Ende Februar geschlossen

S. 209 ur: Sommerlaub von *Bergenia* 'Abendglocken'

S. 211 ol: *Astilbe* 'Anita Pfeifer' (rosa), *Astilbe × arendsii* 'Deutschland' (weiß), *Astilbe × arendsii* 'Feuer' (dunkelrot)

S. 211 or: *Astilbe × arendsii* 'Cattleya' und *Veronicastrum virginianum* 'Album'

S. 211 ul: *Astilbe chinensis* 'Pumila'

S. 211 ur: *Astilbe × arendsii* 'Glut'

S. 213 ol: *Astrantia major* 'Roma'

S. 213 or: *Astrantia major* 'Roma'

S. 213 ul: *Astrantia major* 'Roma'

S. 213 ur: *Astrantia* 'Margery Fish'

S. 215 ol: *Euphorbia × martinii*

S. 215 or: *Euphorbia × martinii*

S. 215 ul: *Euphorbia characias*

S. 215 ur: *Euphorbia × martinii*

S. 217 ol: *Allium* 'Globemaster'

S. 217 or: *Allium* 'Globemaster'

S. 217 ul: *Allium* 'Forescate'

S. 217 ur: *Allium christophii*

S. 219 (alle): *Actaea simplex* 'Brunette'

S. 223: *Eryngium planum* 'Blaukappe'

S. 225: *Hosta* 'Golden Tiara' und in Treppenfugen *Corydalis lutea*

Danke

Danke Claudia, dass Du mit Deinem Garten-Gipfel das »zufällige« Zusammentreffen aller an diesem Buch beteiligten, abenteuerlustigen, leidenschaftlichen Menschen ermöglicht hast. Der neue Gipfel, den diese Menschen ins Auge gefasst haben, hatte eine große Anziehungskraft – auch wenn er lange Zeit in den Wolken lag. Zwischen Himmel und Erde. Wir haben die Route zügig erarbeitet und uns auf die sehr lange Expedition eingelassen.
Danke meinem Gärtnerei-Dream-Team, das während der Expedition monatelang die Stellung gehalten hat, konstruktive Korrekturen anbrachte und die Gärtnerei in besten Händen hielt.
Danke, Tante Ma, für Rückenwind. Danke allen Freunden, Wegbereitern, gardening Ladies & gardening Gentlemen, die mich auf diesem Weg jederzeit begleitet, erfreut, ermuntert, ermutigt, angefeuert, überrascht, gestärkt und inspiriert haben.
Danke Dir, Timmi, für das beharrliche Schubsen.
Danke Dir, Thomas für das konzentrierte Zusammenspiel, die eingeräumten Gratwanderungen, eingebauten Steighilfen und Rastplätze. Danke, dass Du für alle interessierten Wanderer die Wegweiser so platziert hast, dass sie sicher auf den Gipfel führen.
Danke Dir, Ferdinand, für Deine Fotografie. Die Seele des Ortes hat sich Dir offenbart und erscheint in Deinen Bildern. Dein Vergnügen an Fotografie ist für uns alle ein Vergnügen – Kunst.
Meiner Liebe sei Dank für die konstanten kulinarischen, geistigen Höhenflüge und den freien Rücken.
Danke Dir, für Deine Liebe.
Danke, Mutter Erde, für die unerschöpfliche Quelle.
Großes Glück, mit Euch hier zu sein. Hier wächst etwas. LOOK AROUND.

Anja Maubach

Ohne das Verständnis jener, die mich haben so häufig gehen lassen, kann so ein Buch nicht entstehen.
Ohne die Fürsorge, die Willkommen heißt und den Tisch deckt, könnte diese Geschichte nicht erzählt werden.
Ohne den Gartengipfel, auf dem solche Projekte beginnen, hätten wir auf eine Gelegenheit warten müssen .
Ohne das gute Gespräch während der gemeinsamen Mission wäre es ein anderes Buch geworden.
Mein Dank gilt allen, die mich unterstützt haben und auf diesem Weg an dem Zustandekommen dieses Buches Teil hatten.

Ferdinand Graf von Luckner

Über die Autoren

Die studierte Landschaftsarchitektin **Anja Maubach** leitet in 4. Generation eine der ältesten Staudengärtnereien Deutschlands, die besonders für ihre weltberühmten Stauden- und Gehölzsorten bekannt ist. 1993 gründete sie eine Gartenschule, die Firmen und Privatpersonen Gestaltungskonzepte für Gärten anbietet. Ihre Seminare zu verschiedenen Gartenthemen ziehen Kenner aus ganz Deutschland an. Weitere Informationen unter: www.arends-maubach.de.

Ferdinand Graf von Luckner ist seit vielen Jahren einer der renommiertesten deutschen Gartenfotografen und vor allem bekannt für seinen einfühlsamen Stil. Er arbeitet für Zeitschriften wie *Schöner Wohnen*, *Häuser*, *Living at Home*, *FLORA Garten* sowie für verschiedene Buchprojekte. Mehr Informationen unter: www.graf-luckner.de.

Bibliografische Information der Deutschen Nationalbibliothek
Die Deutsche Nationalbibliothek verzeichnet diese Publikation in der Deutschen Nationalbibliografie; detaillierte bibliografische Daten sind im Internet über http://dnb.d-nb.de abrufbar.

BLV Buchverlag
GmbH & Co. KG
80797 München

Bildnachweis:
Alle Bilder Ferdinand Graf von Luckner, außer:
akg-images: 116, 117
Archiv Georg Arends: 162, 163
Mike Haska: 16/17, 198, 200 oM, 200 ul, 239

Grafiken:
S. 108, 110 u. 111: aus Gertrude Jekyll: Colour in the flower garden. Country Life, Ltd., London 1908
A. Maubach: 80, 119, 121, 123, 125, 127, 129
Grafik Seite 82 wurde entnommen aus »Sissinghurst. Castle Garden«, The National Trust 1978

Zitate:
S. 133: Barbara Köhler, aus »The Promised Rosegarden«, Auflagenobjekt 2006, courtesy by Galerie m, Bochum

Umschlagkonzeption: Kochan & Partner, München
Umschlagfotos: Sabrina Rothe (Vorderseite); Ferdinand Graf von Luckner (Rückseite)
Programmleitung Garten: Dr. Thomas Hagen
Herstellung: Ruth Bost
Satz und Layout: Uhl + Massopust, Aalen

Gedruckt auf chlorfrei gebleichtem Papier

Printed in Germany
ISBN 978-3-8354-1022-0

WELEDA
Im Einklang mit Mensch
und Natur
NEU
WELEDA
Seit 1921
SANDDOR
Reichhaltige
Pflegelotion
WELEDA
Sanddorn
Pflegeöl
WELEDA
Sanddorn-
Handcreme
WELEDA
ddorn
ungsdusche
Vitalisierende Pflege,
die Haut und Sinne berührt.
DIE SANDDORN-PFLEGESERIE FÜR MEHR VITALITÄT. Wertvolles Sanddorn- und Sesamöl unterstützen den natürlichen Stoffwechsel der Haut und helfen ihr, den körpereigenen Schutzfilm aufrechtzuerhalten. Die Haut gewinnt an Vitalkraft und zeigt sich erholt und geschmeidig. Der fruchtige Duft von Mandarine, Grapefruit und Orange vitalisiert die Sinne und sorgt für gute Laune.
Mehr von Weleda auf www.weleda.de und
Erfahren Sie mehr
über den Bio-Sanddorn
aus der Toskana.